中国地质大学(武汉)精品资源共享课程建设项目资助

简 明 矿 物 学

JIANMING KUANGWUXUE

赵珊茸　编著

中国地质大学出版社
ZHONGGUO DIZHI DAXUE CHUBANSHE

内 容 简 介

本教材介绍了晶体的概念、基本性质,以及矿物的成分、结构、形态、物理性质(颜色、条痕、光泽、透明度、解理、断口、硬度等)的表现形式和原因,重点介绍了常见造岩矿物(硅酸盐、碳酸盐)的各矿物种的成分、结构、形态、物理性质、成因类型。

本教材适合地质工程类专业大学生学习使用,也适合于地质类其他专业大学生在学习《矿物学》时的实习课使用,同时可供从事地质普查、找矿、工程等工作的专业人员参考。

图书在版编目(CIP)数据

简明矿物学/赵珊茸编著. —武汉:中国地质大学出版社,2015.6(2016.9重印)
ISBN 978-7-5625-3664-2

Ⅰ.①简…
Ⅱ.①赵…
Ⅲ.①矿物学
Ⅳ.①P57

中国版本图书馆 CIP 数据核字(2015)第 143024 号

简明矿物学	赵珊茸　编著
责任编辑:姜　梅	责任校对:张咏梅
出版发行:中国地质大学出版社(武汉市洪山区鲁磨路388号)	邮政编码:430074
电　　话:(027)67883511　　传真:67883580	E-mail:cbb@cug.edu.cn
经　　销:全国新华书店	http://www.cugp.cug.edu.cn
开本:787毫米×960毫米 1/16	字数:172千字　印张:8.75
版次:2015年6月第1版	印次:2016年9月第2次印刷
印刷:武汉市籍缘印刷厂	印数:2001-4000册
ISBN 978-7-5625-3664-2	定价:23.00元

如有印装质量问题请与印刷厂联系调换

前　言

矿物是地球（主要指地壳）物质的最基本的组成单位，所以矿物学自然就成为地质学类各专业的重要基础课程。矿物学的理论性与实践性都很强，其理论性体现为：研究矿物的成分、结构要用到化学基础知识，研究矿物的光学、力学、电学等物理性质要用到物理学基础知识，研究矿物晶体的各向异性及对称规律要用到数学基础知识；其实践性体现为：地壳上的所有岩石、地质体都是由矿物组成的，要认清岩石类型与成因、了解地质体的基本特征，首先就要认清其中的矿物。所以，在野外鉴定矿物种类、认识矿物的物理性质特征，就成为广大地质工作者必备的技能。本教材针对地质工程类专业大学生的教学要求编写而成，它主要突出了矿物学的实践性，对其理论性部分只给出一个理论框架，没有做进一步的详细分析。本教材的特点是：重点介绍了常见的造岩矿物（硅酸盐、碳酸盐）的基本特征，包括成分、形态、物理性质与成因特征，简略列出了它们的晶体结构参数；对非造岩矿物（如一些金属矿物、副矿物、宝石矿物等）只做简单介绍；后附有大量的矿物图片，图片并不单纯追求美观，更突出某一知识点的展示，这些图片对学生在实习课程中认识矿物的形态、颜色、光泽、解理等知识非常有益。

教材的编写和晶体形态、晶体结构绘制由赵珊茸完成，绘制软件为 Shape（V.7.1）和 Atoms（V.6.1）。部分晶体结构图由何涌提供原图。

后附的"矿物知识图片"中的矿物标本照片，由赵珊茸、孙慧、张格格摄制完成。教材的编写得到中国地质大学（武汉）地球科学学院岩石矿物系老师们的支持，由中国地质大学（武汉）精品资源共享课程建设项目资助出版。在此表示衷心的感谢！

由于编著者水平有限，不当之处敬请批评指正！

赵珊茸

2014 年 12 月 29 日

目　录

第一章　晶体的基本性质 …………………………………………………… (1)

　第一节　晶体的概念 ………………………………………………………… (1)

　第二节　晶体的基本性质 …………………………………………………… (4)

第二章　矿物的基本特征 …………………………………………………… (9)

　第一节　矿物的概念 ………………………………………………………… (9)

　第二节　矿物的基本特征 …………………………………………………… (10)

　　一、矿物的成分 ……………………………………………………………… (10)

　　二、矿物的结构 ……………………………………………………………… (14)

　　三、矿物的形态 ……………………………………………………………… (22)

　　四、矿物的物理性质 ………………………………………………………… (28)

第三章　常见造岩矿物 ……………………………………………………… (36)

　第一节　硅酸盐矿物 ………………………………………………………… (37)

　　一、长石 ……………………………………………………………………… (40)

　　二、石英 ……………………………………………………………………… (45)

　　三、云母 ……………………………………………………………………… (49)

　　四、辉石 ……………………………………………………………………… (51)

　　五、角闪石 …………………………………………………………………… (54)

　　六、其他常见硅酸盐矿物 …………………………………………………… (56)

　第二节　碳酸盐矿物 ………………………………………………………… (63)

  一、方解石 …………………………………………………… (63)

  二、菱镁矿-菱铁矿 ………………………………………… (64)

  三、白云石 …………………………………………………… (65)

  四、文石 ……………………………………………………… (65)

  五、孔雀石 …………………………………………………… (66)

  六、蓝铜矿 …………………………………………………… (67)

第四章　常见的金属(造矿)矿物 …………………………………… (68)

  一、方铅矿 …………………………………………………… (68)

  二、闪锌矿 …………………………………………………… (68)

  三、黄铜矿 …………………………………………………… (69)

  四、黄铁矿 …………………………………………………… (70)

  五、磁黄铁矿 ………………………………………………… (70)

  六、辉锑矿 …………………………………………………… (71)

  七、辉铋矿 …………………………………………………… (71)

  八、雌黄 ……………………………………………………… (72)

  九、雄黄 ……………………………………………………… (72)

  十、辰砂 ……………………………………………………… (73)

  十一、斑铜矿 ………………………………………………… (73)

  十二、赤铁矿 ………………………………………………… (74)

  十三、磁铁矿 ………………………………………………… (74)

第五章　其他矿物 …………………………………………………… (75)

  一、锆石(锆英石) …………………………………………… (75)

  二、十字石 …………………………………………………… (76)

  三、榍石 ……………………………………………………… (76)

  四、绿帘石 …………………………………………………… (76)

  五、绿柱石 …………………………………………………… (77)

六、堇青石 …………………………………………………… (78)

七、电气石 …………………………………………………… (78)

八、锂辉石 …………………………………………………… (79)

九、滑石 ……………………………………………………… (79)

十、叶蜡石 …………………………………………………… (80)

十一、刚玉 …………………………………………………… (81)

十二、尖晶石 ………………………………………………… (81)

十三、金红石 ………………………………………………… (81)

十四、铝土矿 ………………………………………………… (82)

十五、褐铁矿 ………………………………………………… (82)

十六、硬锰矿 ………………………………………………… (83)

十七、磷灰石 ………………………………………………… (83)

十八、自然金 ………………………………………………… (83)

十九、金刚石 ………………………………………………… (84)

二十、石墨 …………………………………………………… (85)

二十一、萤石(氟石) ………………………………………… (86)

思考题 …………………………………………………………… (87)

主要参考文献 …………………………………………………… (90)

附录一 矿物知识图片 ………………………………………… (91)

附录二 矿物种名录索引 ……………………………………… (129)

第一章 晶体的基本性质

矿物都是晶体,而晶体的基本性质决定了矿物的基本特征,所以,在学习矿物及其基本特征之前,首先应了解晶体及其基本性质。

第一节 晶体的概念

晶体(crystal)是指其内部质点(原子、离子或分子)在三维空间周期性地重复排列构成的固体物质。这种质点在三维空间周期性地重复排列也称格子构造,所以晶体是具有格子构造的固体。图1-1是NaCl晶体的内部结构(具格子构造)。

(a)单个晶胞

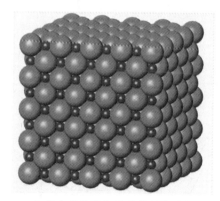

(b)多个晶胞堆积形成的晶体结构

图1-1 NaCl晶体的结构

所谓格子构造,意指晶体内部可以根据原子、离子的排列规律画出一个一个的晶胞。晶胞(crystal cell)是晶体结构中的最小重复单位,可以理解为晶体结构是由无数晶胞在三维空间平行堆积而成的。晶胞的形状是一个平行六面体,其形状决定于其3个棱长(a_0,b_0,c_0)的相对大小及3个棱之间的角度(α,β,γ)关系,见图1-2(a)。图1-1的NaCl晶体结构中,晶胞的形状是一个立方体,其3个棱长和棱之间的角度关系为：$a_0=b_0=c_0$；$\alpha=\beta=\gamma=90°$。晶胞的形状还可以是其他形状，见图1-2(b)。不同形状的晶胞所构成的晶体结构具有完全不同的性质，因此，根据晶胞的7种形状将晶体划分为七大晶系。

晶胞上的a_0、b_0、c_0、α、β、γ这6个数值称为晶胞参数，每个具体的晶体都具有自己特有的晶胞参数，如石英的晶胞参数为：$a_0=b_0=0.491$nm，$c_0=0.541$nm，$\alpha=\beta=90°$，$\gamma=120°$；正长石的晶胞参数为：$a_0=0.856$nm，$b_0=1.300$nm，$c_0=0.719$nm，$\alpha=\gamma=90°$，$\beta=116°$。

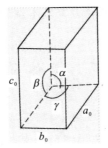

(a) 晶胞及晶胞参数

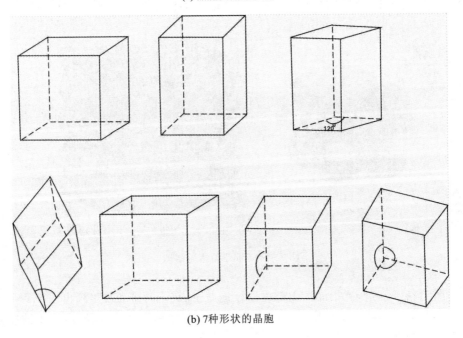

(b) 7种形状的晶胞

图1-2 晶胞

但是,在X射线发现之前,人们不能测定晶体的内部结构,而是将能自发生长成规则的几何多面体形态的物质确定为晶体。然而,发育成规则的几何多面体形态只是晶体结构的一种宏观表现(图1-3),一个晶体也可能不具有规则的几何多面体外形,例如岩石里的晶体小颗粒(图1-4)。因此,晶体应该从内部结构来定义。

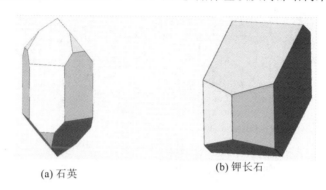

(a) 石英　　　　　　(b) 钾长石

图1-3　发育成规则几何多面体外形的晶体

图1-4　花岗岩中的石英、钾长石、黑云母等晶体

与此相反,不具格子构造的物质为非晶体或非晶态(non-crystal)。

图1-5为晶体与非晶体的平面结构图,由图可见,晶体具格子构造,非晶体不具格子构造,但在很小的范围内,非晶体也具有某些有序性(如1个小黑点周围分布着3个小圆圈),这些有序性与晶体结构中的一样。我们将这种局部的有序称为近程规律,而在整个晶体结构范围的有序称为远程规律。显然,晶体既有近程规律也有远程规律,非晶体则只有近程规律。

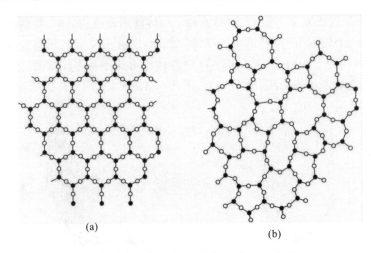

图 1-5 晶体(a)与非晶体(b)的平面结构

液体的结构与非晶态结构相似,也只具有近程规律;在气体中既无远程规律也无近程规律。

晶体与非晶体在一定条件下是可以互相转化的,例如,岩浆迅速冷凝而成的火山玻璃,在漫长的地质年代中,其内部质点进行着很缓慢的扩散、调整,趋于规则排列,即由非晶态转化为晶态,这一过程称为晶化(crystallizing)或脱玻化(devitrification)。晶化过程可以自发进行,因为非晶态内能高、不稳定,而晶态内能小、稳定。相反,晶体也可因内部质点的规则排列遭到破坏而转化为非晶态,这个过程称为非晶化(non-crystallizing)。非晶化一般需要外能,例如一些含放射性元素矿物晶体,由于受放射性蜕变所发出的 α 射线的作用,晶体遭到破坏而转变为非晶态。

因为晶体比非晶体稳定,所以晶体的分布十分广泛,自然界的固体物质中,绝大多数是晶体。我们日常生活中接触到的石头、沙子、金属器材、水泥制品、食盐、糖甚至土壤等,大多数是由晶体组成的。在这些物质中,晶体颗粒大小十分悬殊,有的晶体粒度可达几米或几十米,但有的晶体(例如在土壤中的晶体)则只有微米级大小。

第二节 晶体的基本性质

由于晶体是具有格子构造的固体,因此,也就具备由格子构造所决定的基本性质。现简述如下。

1. 自限性

自限性(selfconfinement)是指晶体在适当条件下可以自发地形成几何多面体外形的性质。这一点我们在上一小节中已经介绍,见图1-2。晶体能自发地形成几何多面体形态是晶体内部结构的格子构造规律的外在表现,因为格子构造在晶体表面的体现就是平的面与直的棱,见图1-6。

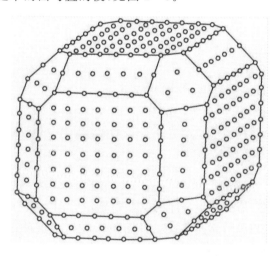

图1-6 晶体的格子构造在晶体表面上发育成晶面与晶棱的示意图

2. 均一性

因为晶体是具有格子构造的固体,在同一晶体的各个不同部分,质点的分布是一样的,所以晶体的各个部分的物理性质与化学性质也是相同的,这就是晶体的均一性(homogeneity)。

但必须指出的是,非晶质体也具有均一性。如玻璃的不同部分折射率、膨胀系数、导热率等都是相同的。但是如前所述,非晶质的质点排列不具有格子构造,看似无章,但这种看似无章的结构从统计、平均的意义上看,不同部分结构具有相同性,所以非晶质的均一性是统计的、平均近似的均一,称为统计均一性;而晶体的均一性是绝对均一性,取决于其格子构造,称为结晶均一性。两者有本质的区别,不能混为一谈。液体和气体也具有统计均一性。

3. 异向性(各向异性)

同一格子构造中,在不同方向上质点排列一般是不一样的,因此,晶体的性质也随方向的不同而有所差异,这就是晶体的异向性(anisotropy)。如矿物蓝晶石(又名二硬石)的硬度,随方向的不同而有显著的差别(图1-7),平行晶体延长的方向(图1-7中的AA方向)可用小刀刻动,而垂直晶体延长方向(图1-7中的BB方向)则小刀不能刻动。又如云母、方解石等矿物晶体,具有完好的解理,受力后可沿晶体一定的方向,裂开成光滑的平面,而沿其他方向则不能裂开为光滑平面。在矿物晶体的力学、光学、热学、电学等性质中,都有明显的异向性的体现。此外,晶体的多面体形态,也是其异向性的一种表现,无异向性的外形应该是球形。

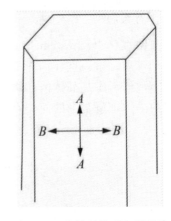

图1-7 蓝晶石柱面上所反映的硬度异向性

非晶质体一般具有各向同性,其性质不因方向而有所差别。所以,非晶质体的外形也不可能是几何多面体形状,而是浑圆状、不规则状。

4.对称性

晶体具有异向性,但这并不排斥在某些特定的方向上具有相同的性质。在晶体的外形上,也常有相等的晶面、晶棱和角顶重复出现。这种相同的性质在不同的方向或位置上作有规律地重复,就是对称性(symmetry)。晶体内部结构的质点在三维空间呈周期性重复排列,这种周期性的重复排列规律本身就是一种对称性。对称性是晶体极重要的性质,是晶体分类的基础,根据晶体的对称特点,我们将晶体分为3大晶族,7个晶系,见表1-1。

5.最小内能性

在相同的热力学条件下,晶体与同种物质的非晶质体、液体、气体相比较,其内能最小,这就是晶体的最小内能性(minimum internal energy)。所谓内能,包括质点的动能与势能(位能)。动能与物体所处的热力学条件有关,温度越高,质点的热运动越强,动能也就越大,因此它不能直接用来比较物体间内能的大小。可用来比较内能大小的只有势能,势能取决于质点间的距离与排列。

晶体是具有格子构造的固体,其内部质点是作有规律的排列的,这种规律的排列是质点间的引力与斥力达到平衡的结果。在这种情况下,无论使质点间的距离增大或缩小,都将导致质点相对势能的增加。非晶质体、液体、气体由于它们内部质点的排列是不规律的,质点间的距离不可能是平衡距离,从而它们的势能也较晶体为大。也就是说在相同的热力学条件下,它们的内能都较晶体为大。实验证明,当物体由气态、液态、非晶质状态过渡到结晶状态时,都有热能的析出;相反,晶格的破坏也必然伴随着吸热效应。

表 1-1 晶体的对称分类

晶族	晶系	对称特点	晶胞参数特点	晶胞形状	常见的晶体形态
低级晶族	三斜晶系	对称程度很低，前后、左右、上下3个方向彼此都不对称	$a_0 \neq b_0 \neq c_0$ $\alpha \neq \beta \neq \gamma \neq 90°$		
	单斜晶系		$a_0 \neq b_0 \neq c_0$ $\alpha = \gamma = 90°$ $\beta \neq 90°$		
	斜方晶系		$a_0 \neq b_0 \neq c_0$ $\alpha = \beta = \gamma = 90°$		
中级晶族	四方晶系	对称程度较高，在直立方向上有1个4次旋转对称轴	$a_0 = b_0 \neq c_0$ $\alpha = \beta = \gamma = 90°$		
	三方晶系	对称程度较高，在直立方向上有1个3次旋转对称轴	$a_0 = b_0 \neq c_0$ $\alpha = \beta = 90°$ $\gamma = 120°$		
	六方晶系	对称程度较高，在直立方向上有1个6次旋转对称轴	$a_0 = b_0 \neq c_0$ $\alpha = \beta = 90°$ $\gamma = 120°$		
高级晶族	等轴晶系	对称程度很高，前后、左右、上下3个方向彼此都对称	$a_0 = b_0 = c_0$ $\alpha = \beta = \gamma = 90°$		

6. 稳定性

在相同的热力学条件下,晶体比具有相同化学成分的非晶体稳定,非晶质体有自发转变为晶体的必然趋势,而晶体决不会自发地转变为非晶质体。这就是晶体的稳定性(stability)。所以,在地壳上,早期形成的火山玻璃(非晶质体)现在大多已经自发地转化成晶体了。

晶体的稳定性是晶体具有最小内能性的必然结果。

第二章 矿物的基本特征

第一节 矿物的概念

矿物(mineral)是指由地质作用所形成的、具有一定的化学成分和内部结构、在一定的物理化学条件下相对稳定的结晶态的天然化合物或单质,它们是岩石和矿石的基本组成单元,即岩石和矿石都是矿物的集合体。此外,在地壳上还有极少量由地质作用所形成的、具有一定化学成分的非晶态的天然化合物或单质,则称为准矿物(mineraloid),如蛋白石、水锆石等。随着地质年代的推移,准矿物将会自发地转变成结晶态的矿物。对矿物的概念解释如下。

首先,矿物是天然形成的产物。因此,在实验室内人工合成的化合物,虽然其成分和性质与天然矿物相近,为了不与地壳中地质作用形成的矿物混淆,可称为"人造矿物"或"合成矿物"。同样的原因,把陨石中的矿物称为"陨石矿物";采自"月岩"中的矿物称"月岩矿物",或称它们为"宇宙矿物"。

其次,矿物具有相对固定的化学成分和结构。矿物的成分可用化学式表示,例如自然金的化学式为 Au、黄铜矿为 $CuFeS_2$、白云母为 $K\{Al_2[AlSi_3O_{10}](OH)_2\}$。但是,矿物的化学成分不是绝对不变的,还可能因含有某些杂质而在一定程度上产生变化。矿物还具有一定的内部结构,因而具有一定的晶胞参数。矿物因含某些杂质而导致的成分变化也可引起晶胞参数的细微变化。矿物的化学成分与内部结构是矿物最本质的特征,以此可以划分不同的矿物种属,也以此决定了矿物相应的形态与物理性质。但是,矿物是地壳演化过程中化学元素运动和存在的一种形式,当所处的地质环境改变到一定程度时,已形成的矿物将发生相应的变化,形成稳定于新条件下的另外一种矿物。例如,还原条件下形成的黄铁矿(FeS_2),在地表风化条件下与空气和水接触会发生分解,形成稳定于氧化条件下的针铁矿 $FeO(OH)$。

最后,矿物是各种各样的岩石和矿石最基本的组成单位。所谓最基本的组成单位,就是指最小的物质组成单位,不能够再细分了。例如,花岗岩是由石英、钾长石、斜长石和云母组成;铅锌矿石主要由方铅矿和闪锌矿组成。因为岩石和矿石是各种地质体的组成单位,所以矿物也是构成岩体和矿体等各种地质体的基本单元。

地壳中发现的矿物绝大多数是固态无机物,如石英(SiO_2)、方解石($CaCO_3$)、黄铁矿(FeS_2)、金刚石(C)等;此外也有极少量的有机矿物,如草酸钙石($CaC_2O_4 \cdot H_2O$)、琥珀($C_{2n}H_{3n}O$)等。有机矿物仅有几十种,而且都极少见。目前已知矿物约 4 000 余种,常见的有 500 余种,其中分布最广、数量最多的是硅酸盐和碳酸盐矿物,它们是地壳中三大岩类(岩浆岩、沉积岩和变质岩)的主要矿物组成。

下面我们就分别介绍矿物的成分、结构、形态与物理性质,据此可以鉴定矿物种属、区分岩石类型,并能判断其形成时的地质环境。

第二节　矿物的基本特征

一、矿物的成分

矿物的化学成分是确定一个矿物的基本依据之一,化学元素是形成矿物的物质基础。地壳中化学元素的丰度与矿物的化学组成有着密切的关系。

1.地壳的化学组成

化学元素在地壳中的分布是极不均匀的。含量最高的氧(O)与最低的氡(Rn)元素的含量相差 10^{18} 倍。美国学者克拉克(Clark F W)早在 1882 年就开始对地壳上部 16km 范围内主要的、分布最广的元素进行了统计分析,他与华盛顿(Washington H S)于 1924 年最先提出地壳中各种化学元素平均含量的质量百分数(即元素在地壳中的丰度),并公布了地壳中 50 余种化学元素的平均含量表。此后,人们为了纪念他,称此值为克拉克值。具体表示时,可用质量百分数,即质量克拉克值,也可用原子百分数,即原子克拉克值。表 2-1 列出了常见 8 种元素的克拉克值。

表 2-1　常见 8 种元素克拉克值表

元素	质量克拉克值	原子克拉克值	元素	质量克拉克值	原子克拉克值
O	46.60	62.55	Ca	3.68	1.94
Si	27.72	21.22	Na	2.83	2.64
Al	8.13	6.47	K	2.59	1.42
Fe	5.00	1.92	Mg	2.09	1.84

从表 2-1 可知,地壳总重量中,O 占 46.60%,几乎占了地壳质量的一半;Si 占 27.72%;而表中的 8 种元素就占了地壳总质量的 98.64%,其他金属元素含量极少。因此,地壳中是以 O、Si、Al、Fe、Ca、Na、K、Mg 等元素组成的含氧盐和氧化物矿物分布最广,特别是硅酸盐,占矿物总数的 24%,占地壳总质量的 3/4。

矿物的形成不仅与元素的丰度有关,还取决于元素的地球化学性质。有些元素,虽然克拉克值很低,但它们趋向于集中,可以形成独立的矿物种,甚至可以富集成矿床,如 Sb、Bi、Hg、Ag、Au 等,称为聚集元素;另有一些元素的克拉克值虽然远比上述元素为高,但趋向于分散,不易聚集成矿床,甚至很少能形成独立的矿物种,只是作为微量的混入物赋存在其他元素组成的矿物中,如 Rb、Cs、Ga、In、Se 等,称为分散元素。

2. 矿物化学成分的变化——类质同象

矿物的化学成分不是绝对固定的,通常会在一定的范围内有所变化。引起矿物化学成分变化的主要原因是类质同象。

矿物晶体结构中某种质点(原子、离子)为它种类似的质点所代替,仅使晶胞参数发生不大的变化,而结构型式并不改变,这种现象称为类质同象(isomorphism)。例如,在菱镁矿 $Mg[CO_3]$ 和菱铁矿 $Fe[CO_3]$ 之间,由于 Mg 和 Fe 互相代替,可以形成各种 Mg、Fe 含量不同的类质同象混合物(混晶),从而可以构成一个 Mg、Fe 含量成各种比值的连续的类质同象系列,如:

$$Mg[CO_3] — (Mg,Fe)[CO_3] — (Fe,Mg)[CO_3] — Fe[CO_3]$$

菱镁矿 — 含铁的菱镁铁 — 含镁的菱铁矿 — 菱铁矿

在这个系列中矿物的结构型相同,只是晶胞参数略有变化。通常将整个系列两端的组分称为端员组分,而中间组分是由不同比例的两个端员组分混合而成的。

又如,闪锌矿 ZnS 中的 Zn,可部分地(不超过 40%)被 Fe 所代替,在这种情况下,铁被称为类质同象混入物,富铁的闪锌矿被称为铁闪锌矿。由于铁代替锌可使闪锌矿的晶胞参数(a_0)增大。

类质同象混合物也称为类质同象混晶,它是一种固溶体。所谓固溶体(solid solution)是指在固态条件下,一种组分溶于另一种组分之中而形成的均匀的固体。这种类质同象混晶可在一定的条件下(一般是温度下降)发生分解而产生离溶,所谓固溶体离溶或出溶,是指原来呈类质同象代替的多种组分发生分解,形成不同组分的多个物相。被分离出来的晶体常受到主晶的晶体结构的控制而在主晶体中呈定向排列,例如,高温形成的碱性长石 $(K,Na)[AlSi_3O_8]$ 在温度下降后发生出溶,形成钾长石 $K[AlSi_3O_8]$ 与钠长石 $Na[AlSi_3O_8]$ 相间嵌晶形式,称条纹长石。

在类质同象混晶中,若 A、B 两种质点可以任意比例相互取代,它们可以形成一个连续的类质同象系列,则称为完全类质同象系列。如上述菱镁矿-菱铁矿系列中 Mg、Fe 之间的代替;若 A、B 两种质点的相互代替局限在一个有限的范围内,它们不能形成连续的系列,则称为不完全类质同象系列,如上述闪锌矿[(Zn,Fe)S]中,Fe 取代 Zn 局限在一定的范围之内。

根据相互取代的质点的电价相同或不同,分别称为等价的类质同象和异价的类质同象。前者如上述的 Mg^{2+} 与 Fe^{2+} 之间的代替;后者如在钠长石 $Na[AlSi_3O_8]$ 与钙长石 $Ca[Al_2Si_2O_8]$ 系列中,Na^+ 和 Ca^{2+} 之间的代替以及 Si^{4+} 和 Al^{3+} 之间的代替都是异价的,但由于这两种代替同时进行,代替前后总电价是平衡的。

类质同象是指质点的相互代替,不能认为只要晶体结构中有两种或两种以上的阳离子,这些阳离子之间就一定存在类质同象,例如,白云石 $CaMg[CO_3]_2$ 与方解石 $Ca[CO_3]$ 结构型相同,在白云石 $CaMg[CO_3]_2$ 中,其 Ca、Mg 的原子数之比必须是 1:1,不能在一定的范围内连续变化,而且 Ca 和 Mg 在白云石中各自具有特定的晶格位置,没有发生互相取代,故白云石并不是由于 Mg^{2+} 替代方解石 $Ca[CO_3]$ 中半数的 Ca^{2+} 所形成的类质同象混晶,而是不同阳离子间有固定含量比的复盐;也不能认为两种晶体具有等同的结构型式(等型结构)就一定存在类质同象,例如,锡石 SnO_2 与金红石 TiO_2 也是同型结构,但 Sn 与 Ti 之间也不存在类质同象代替关系。

在书写类质同象混晶的化学式时,凡相互间成类质同象替代关系的一组元素均写在同一圆括号内,彼此间用逗号隔开,按所含原子百分数由高而低的顺序排列。例如橄榄石 $(Mg,Fe)_2[SiO_4]$、铁闪锌矿 $(Zn,Fe)S$、普通辉石 $Ca(Mg,Fe,Al,Ti)[(Si,Al)_2O_6]$ 等。

形成类质同象代替的条件一方面取决于代替质点本身的性质,如相互代替的原子、离子半径大小要相近、电价要相等(异价类质同象则要求代替前后总电价要平衡)、离子类型要相同、化学键性质要相同等;另一方面也取决于外部的温度、压力、介质等条件,温度增高有利于类质同象的产生,而温度降低则将限制类质同象的范围并促使类质同象混晶发生分解,即固溶体离溶,压力的增大将限制类质同象代替的范围,矿物晶体本身的某种组分浓度不够,则易导致周围环境中与之相似的另一种组分以类质同象的方式混入晶格加以补偿。

类质同象是矿物中一个极为普遍的现象,它是引起矿物化学成分变化的一个主要原因。另外,地壳中有许多元素本身很少或根本不形成独立矿物,而主要是以类质同象混入物的形式储存于某种矿物的晶格中。例如,Re 经常赋存于辉钼矿中,Cd、In、Ga 经常存于闪锌矿中。因此,类质同象的研究有助于阐明矿床中元素赋存状态、寻找稀有分散元素、进行矿床的综合评价。同时,由于类质同象的形成与矿物的生成条件有关,因而类质同象的研究有助于了解成矿环境,如闪锌矿中铁含量的变化,反映了矿物形成温度的变化。

上述关于矿物成分的变化,是指矿物在保持其种属不变的情况下,成分在小范围内的变化。除此之外,矿物的成分变化还有另一种情况,就是从一种矿物变化到另一种矿物,这种成分的变化涉及矿物与周围环境的物质发生化学反应,即交代反应,称交代作用,如还原条件下形成的黄铁矿(FeS_2),在地表风化条件下与空气和水接触会发生分解,形成稳定于氧化条件下的针铁矿$FeO(OH)$。

3. 矿物中的水

凡含水分子 H_2O 或含 H^+、$(OH)^-$、$(H_3O)^+$ 等离子的矿物,都称为含水矿物。矿物中的水是矿物中较特殊的化学成分。

根据水在矿物中存在的形式及它们在晶体结构中所起的作用,可将矿物中的水分为吸附水、结晶水和结构水。此外,还有两种过渡形式的水,即沸石水和层间水。

(1) 吸附水:是呈中性水分子 H_2O 状态存在于矿物中的水。它不直接参与组成矿物的晶体结构,只是机械地被吸附于矿物的表面上或裂隙中。吸附水不属于矿物的化学成分,不写入化学式。它在矿物中的含量不固定,随着外界的温度、湿度条件而变化。在常压下,当温度上升至 110℃ 时,吸附水会全部逸出,但并不破坏晶格。

薄膜水和毛细管水都属于吸附水。水胶凝体中的胶体水是吸附水的一种特殊类型,它是胶体矿物本身固有的特征,故应作为重要组分列入矿物的化学式,但其含量不固定,如蛋白石的化学式是 $SiO_2 \cdot nH_2O$。

(2) 结晶水:是以中性水分子 H_2O 的形式存在于矿物中的水,它在矿物晶体结构中占有固定的位置,并且水分子的数量也是固定的。

结晶水多出现在具有大半径络阴离子的含氧盐矿物中,例如石膏 $CaSO_4 \cdot 2H_2O$。结晶水受晶格的束缚,因此结构比较牢固。但在不同矿物中结晶水与晶格联系的牢固程度又有差别。要使结晶水从矿物中脱出,通常需要 100~200℃ 的温度,有些结合很牢固的水要加温至 600℃ 才逸出。当矿物脱出结晶水后,晶体的结构被破坏,进而重建形成新的结构。含结晶水的矿物的失水温度是一定的,据此可以作为鉴定矿物的一项标志。

(3) 结构水:是呈 H^+、$(OH)^-$ 或 $(H_3O)^+$ 等离子状态存在于矿物晶格中的水。如在高岭石 $Al_4[Si_4O_{10}](OH)_8$ 和白云母 $K\{Al_2[AlSi_3O_{10}](OH)_2\}$ 中都含有结构水。结构水在晶格中占有固定的位置,在含量上有确定的比例。它们在晶格中靠较强的键力联系着,因此结构牢固,要在高温(600~1000℃)作用下,晶格遭到破坏时水才会逸出。

(4) 沸石水:是存在于沸石族矿物晶格中的大空腔或通道中的中性水分子,其性质介于结晶水与吸附水之间。对矿物加热至 80～400℃ 时,水会大量逸出;脱水后的沸石又可重新吸水。水的含量有确定的上、下限范围,在此范围内水的逸出和吸入不破坏晶格,只引起矿物物理性质的变化。

(5)层间水:是存在于层状结构硅酸盐的结构单元层之间的中性水分子,其性质也是介于结晶水与吸附水之间。如在蒙脱石中,其结构单元层表面有过剩负电荷,它要吸附金属阳离子及水分子,从而在相邻的结构单元层中间形成水分子层。层间水的数量受阳离子种类、温度及湿度变化的影响。加热至 110℃ 时,水大量逸出,而在潮湿环境中又可重新吸水。水含量的改变不破坏晶体结构,只影响结构单元层的间距,即晶胞轴 c_0 的大小,其密度、折光率等物理性质也会随之改变。

4. 矿物的晶体化学式

矿物学中普遍采用晶体化学式(crystallochemical formula)来表达矿物的化学成分,它既能表明矿物中各组分的种类及其数量比,又能反映出它们在晶格中的相互关系及其存在形式。晶体化学式的书写规则如下:

(1)基本原则是阳离子在前,阴离子或络阴离子在后。络阴离子需用方括号括起来。如石英 SiO_2、方解石 $Ca[CO_3]$。对于某些更大的结构单元,也可用大括号括起来,例如白云母 $K\{Al_2[(Si_3Al)O_{10}](OH)_2\}$。

(2)对复化合物,阳离子按其碱性由强至弱、价态从低到高的顺序排列。如白云石 $CaMg[CO_3]_2$、磁铁矿 $FeFe_2O_4$(即 $Fe^{2+}Fe_2^{3+}O_4$)。

(3)附加阴离子通常写在阴离子或络阴离子之后。如白云母 $K\{Al_2[(Si_3Al)O_{10}](OH)_2\}$、氟磷灰石 $Ca_5[PO_4]_3F$。

(4)矿物中的水分子写在化学式的最末尾,并用圆点将其与其他组分隔开。当含水量不定时,则常用 nH_2O 表示。如石膏 $Ca[SO_4]\cdot 2H_2O$、蛋白石 $SiO_2\cdot nH_2O$。

(5)互为类质同象替代的离子,用圆括号括起来,并按含量由多到少的顺序排列,中间用逗号分开。如铁闪锌矿 $(Zn,Fe)S$、黄玉 $Al_2[SiO_4](F,OH)_2$。

矿物的化学式是用单矿物化学全分析所得到的各组分的相对元素含量百分比或氧化物含量百分比计算出来的。现以黄铜矿为例说明矿物化学式的计算方法,见表 2-2。由此得出黄铜矿的化学式为 $CuFeS_2$。

二、矿物的结构

1. 矿物晶体结构的形式及其描述方法

矿物都是晶体,因此矿物的结构就是矿物的晶体结构。在第一章我们已经知道,晶体结构是具有格子构造规律的,是由晶胞在三维空间周期性重复排列、堆跺

表 2-2 黄铜矿化学式计算数据

组 分	质量百分比(%)	原子量	原子数	原子数比率
Fe	30.47	56	0.544	1
Cu	34.40	63.5	0.541	1
S	35.87	42	1.120	2

起来形成的。每个具体的矿物晶体，具有其特征的晶胞形状与大小，因此也就具有其特征的晶胞参数：a_0、b_0、c_0，α、β、γ。利用 X 射线衍射等测试手段可以测得晶胞参数。

但是，只知道晶胞参数，并不能确切知道晶胞内部有什么结构细节，因此也就不知道整个晶体结构的特征。晶体结构由原子、离子组成，为了描述晶体结构中原子、离子的分布特征，我们一般都采用球体最紧密堆积形式和配位多面体及其连接形式来描述晶体结构，从中可以知道晶体结构中阴、阳离子或原子间的结合情况及分布情况。

(1) 球体最紧密堆积原理：对于一些较简单的离子键晶体和金属键晶体，可以采取球体最紧密堆积原理来描述其晶体结构，因为在离子键与金属键晶体中，离子和原子都是球形的，且相互成键时也没有方向性和饱和性，具有这样化学键的晶体，其内部的离子、原子在形成晶体结构时，遵循球体最紧密堆积原理，因为越紧密结构就越稳定，而晶体结构就是一种稳定结构，所以离子键和金属键的晶体结构就是一种球体紧密堆积的形式。

那么什么是球体最紧密堆积的形式呢？图 2-1 (a) 是一层等大球最紧密堆积的形式，图 2-1 (b) 则是一层非紧密堆积的形式，非紧密堆积结构是不太稳定的。图 2-2 是两层等大球最紧密堆积的形式，第 3 层、第 4 层……可以重复地堆积下去，这样就可以形成晶体结构了。从图 2-1 和图 2-2 可以看出，球与球之间紧密接触、球堆积在其他球所形成的空隙里，就是最紧密的。晶体结构看似复杂，但许多离子键和金属键晶体结构中的原子、离子排列就像球体堆积起来一样简单。

对于离子键晶体，因为阴离子大、阳离子小，可视为阴离子作等大球最紧密堆积，阳离子充填在阴离子堆积所形成的空隙中。在等大球最紧密堆积结构中，空隙类型有两种：四面体空隙和八面体空隙(图 2-3)，空隙的数量与球体的数量关系为：n 个球最紧密堆积形成的八面体空隙数是 n 个，四面体空隙数是 $2n$ 个。

因此，对于一些离子键和金属键晶体结构，可以用球体堆积形式来描述。例如 NaCl 结构，我们描述为：Cl^- 作最紧密堆积，Na^+ 充填在所有八面体空隙中

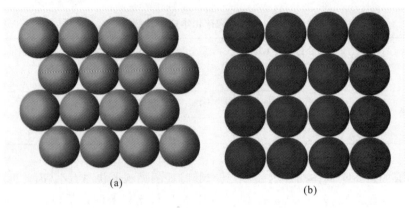

图 2-1　一层等大球最紧密堆积形式(a)和非紧密堆积形式(b)

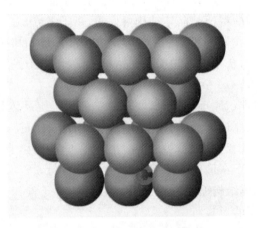

图 2-2　两层等大球最紧密堆积形式

(图 2-4)。根据上述球体与空隙数量比值关系,我们可得其阴、阳离子数量比为 1∶1。再例如闪锌矿(ZnS)结构,我们描述为:S^{2-} 作最紧密堆积,Zn^{2+} 充填在半数的四面体空隙中(图 2-5);根据上述球体与空隙数量比值关系,我们也可以得出其阴、阳离子数量比为 1∶1。对于金属键晶体,就视为金属原子作等大球最紧密堆积,形成的空隙中没有被其他原子、离子充填,例如自然金的结构,就是 Au 原子作最紧密堆积形成的(图 2-6)。

对比图 2-4 的 NaCl 结构、图 2-5 的闪锌矿结构和图 2-6 的自然金结构,发现它们的结构是很相似的,区别仅在于:NaCl 结构中,八面体空隙里面充填了阳离子,闪锌矿结构中,四面体空隙里面充填了阳离子,而自然金结构中空隙里面没有充填任何原子、离子。

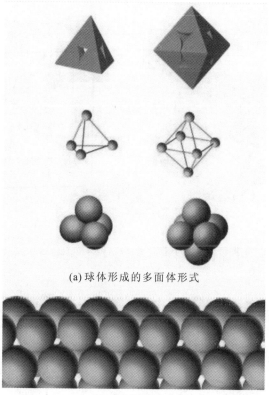

(a) 球体形成的多面体形式

(b) 球体堆积形式

图 2-3　等大球最紧密堆积结构中的空隙

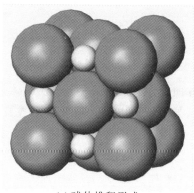

(a) 球体堆积形式

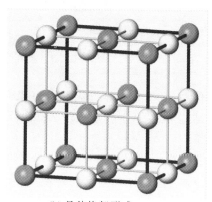

(b) 晶体格架形式

图 2-4　NaCl 结构（单个晶胞）

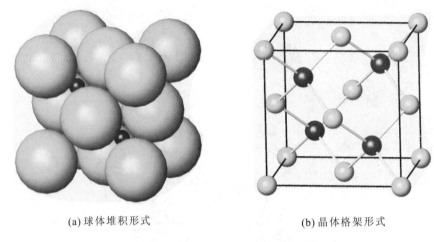

(a) 球体堆积形式　　　　　　(b) 晶体格架形式

图 2-5　闪锌矿（ZnS）结构（单个晶胞）

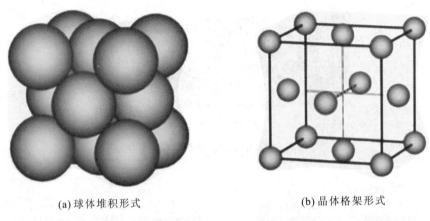

(a) 球体堆积形式　　　　　　(b) 晶体格架形式

图 2-6　自然金的结构（单个晶胞）

但是，对于共价键的晶体，由于共价键的方向性和饱和性，不能实现球体紧密堆积结构形式，至于会形成什么样的结构形式，与原子的电子轨道分布形式有关，例如金刚石，由于 C 原子形成 4 个 sp^3 杂化轨道，周围的其他 C 原子就只能在这 4 个杂化轨道上形成 4 个方向固定的共价键（图 2-7），不能像球体堆积那样可以在任何方向上成键实现最紧密堆积。

(2) 配位多面体及其连接形式：对于一些较复杂的晶体结构，往往在结构中形成了一些络阴离子基团，这时就不能简单地用球体堆积来描述其结构了，我们用配位多面体及其连接形式来描述。所谓配位多面体，是指与某个中心离子或原子成

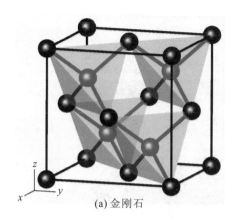 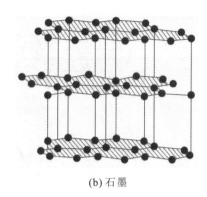

(a) 金刚石　　　　　　　　　(b) 石墨

图 2-7　金刚石和石墨的结构

配位关系(即成键关系)的周围离子或原子形成的一个几何多面体,配位数则是与中心离子、原子成配位关系的异号离子或原子数目。一般我们都以阳离子为中心,将阳离子周围的阴离子中心连线可以形成一个阴离子配位多面体。有些阴离子配位多面体实际上就相当于络阴离子团。在晶体结构中,最基本、最常见的配位多面体为四面体和八面体,当然在少数情况下也可以有立方体、变形多面体等复杂形式的配位多面体。在用配位多面体及其连接形式来描述结构时,首先描述是什么配位多面体,然后描述这些配位多面体以什么方式连接,如共角顶、共棱或共面形式连接。例如钙铝石榴子石 $Ca_2Al_3[SiO_4]_3$ 的结构,我们描述为:Si^{4+} 与 4 个 O^{2-} 形成 $[SiO_4]$ 四面体配位多面体,Al^{3+} 与 6 个 O^{2-} 形成 $[AlO_6]$ 八面体配位多面体,Ca^{2+} 与 8 个 O^{2-} 形成 $[CaO_8]$ 不规则立方体配位多面体,它们之间共角顶连接(图 2-8)。

其实,在用球体最紧密堆积结构的描述中,也可以用配位多面体来描述,例如 NaCl 结构,可以描述为:Na^+ 与周围的 6 个 Cl^- 形成 $[NaCl_6]$ 八面体配位多面体,它们之间共角顶和棱连接,见图 2-9;再如闪锌矿结构,可以描述为:Zn^{2+} 与周围的 4 个 S^{2-} 成 $[ZnS_6]$ 四面体配位多面体,它们之间共角顶连接,见图 2-10。

由以上的结构描述中我们可以看到,四面体和八面体在晶体结构中占有非常重要的地位,许多矿物晶体结构都是由四面体、八面体组成的,在球体堆积结构中形成的空隙也是四面体与八面体。

2.矿物晶体结构的变化——同质多象

矿物晶体结构形成后,如果外界的温度、压力等条件发生变化,晶体结构就会变得不稳定而发生相应的变化,形成另一种晶体结构。同种化学成分的物质,在不

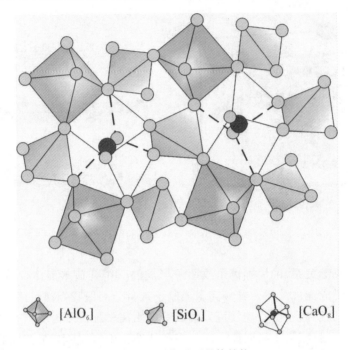

图2-8 石榴子石晶体结构

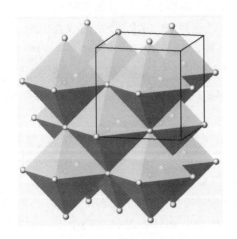 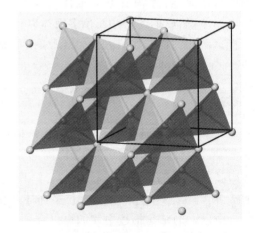

图2-9 NaCl结构中的配位多面体及其连接方式

图2-10 闪锌矿结构中的配位多面体及其连接方式

注：图2-9、图2-10中，将离子缩小了，突出表达了其中的配位多面体，黑色线条范围表示了一个晶胞范围

同的物理化学条件(温度、压力、介质)下，形成不同结构的晶体的现象，称为同质多象(polymorphism)。这些不同结构的晶体，称为该成分的同质多象变体。例如，金刚石和石墨就是碳(C)的两个同质多象变体，它们的晶体结构如图2-7所示。

同质多象的每一个种变体都有它一定的热力学稳定范围，都具备各自特有的形态和物理性质，并且这种形态与物性的差异较大，如金刚石与石墨的物理性质等就相差十分悬殊。因此，在矿物学中它们都是独立的矿物种。

同种物质的同质多象变体，常根据它们的形成温度从低到高在其名称或成分之前冠以 α、β、γ 等希腊字母以示区别，如 α-石英、β-石英等，并且通常以 α 代表低温变体，β、γ 代表高温变体。

同质多象各变体之间，由于物理化学条件的改变，在固态条件下可发生相互转变。同质多象变体间的转变温度在一定压力下是固定的，所以在自然界的矿物中某种变体的存在或某种转化过程可以帮助我们推测该矿物所存在的地质体的形成温度。因此，它们被称为"地质温度计"。例如，α-石英→β-石英，其转变温度为537℃，如果某个地质体中发现有 α-石英和 β-石英共存，则说明有这种转变，因此可以确定该地质体的形成温度为537℃。但转变温度还会随着压力的变化而变化，所以在应用这种地质温度计时应综合考虑。

一般来说，温度的增高促使同质多象向配位数减少、密度降低的变体方向转变；而压力的作用却正好相反。例如，金刚石是C的高压变体，而石墨则是C的高温变体，所以金刚石结构中C的配位数是4，结构较紧密，而石墨结构中C的配位数是3，为较疏松的层状结构，利用石墨制造金刚石，需在极高的压力下进行。

从能量关系的角度来看，一切同质多象变体间的转变都取决于最小自由能条件，并遵守吉布斯相律。在一定的物理化学条件下，如果晶体结构的改变能使体系的自由能降低，这时，就有发生同质多象转变的必然趋势。但转变的快慢及是否可逆，则取决于阻碍这种转变发生的能垒的高低，亦即取决于不同变体之间晶体结构差异的大小。结构间的差异大，为改组原有结构所需的活化能就高，后者的大小直接反映了能垒的高低。因此，一种变体在新的物理化学条件下尽管已经变得不再稳定，但如果不能越过这一能垒，它就可以长期处于亚稳状态而并不发生同质多象转变。

一种物质在发生同质多象转变时，随着晶体结构的改变，其各项物理性质也相应发生突变，但原来变体的晶形却并不会因此发生变化，而是为新的变体所继承下来。一种同质多象变体继承了另一种变体之晶形的现象，称为副象(paramorphism)。例如在某些火山岩里有一些六方双锥状的 β-石英，这些 β-石英在温度下降的过程中已经变为 α-石英了，但仍然保留 β-石英的六方双锥状的晶形。根据 α-石英的晶体结构及对称性，α-石英的结晶形态不可能是六方双锥状的。

副象应与假象相区别。假象(pseudomorph)是指：一种矿物由于与环境发生了交代反应而形成了一种新的矿物(即成分、结构都变了)，但仍然保留原矿物的晶形。例如呈立方体晶形的黄铁矿(FeS)，在地表风化条件下形成了褐铁矿($FeOOH$等)，但仍能保留黄铁矿的立方体晶形。

三、矿物的形态

矿物的形态包括矿物单体的晶体形态、同种矿物晶体的多个单体规则连生的形态、许多同种矿物集合体的形态。矿物的形态与矿物内部晶体结构有关，但同时也受外部形成条件的影响，所以矿物的形态可以反映矿物内部结构与外部形成条件的双重信息。

1. 矿物单体的形态

矿物单体的形态是指矿物单晶体的形态，它与晶体结构有关。从第一章中我们已经了解到，晶体有自限性，可以自发地生长形成规则的几何多面体形态，晶体还有对称性，因此晶体的几何多面体外形上的晶面往往对称地分布。晶体形态及其对称规律是很复杂的，我们在此不详叙。我们只介绍矿物单晶体的总体形貌，即晶体习性或结晶习性。所谓晶体习性或结晶习性(crystal habit)，是指同种矿物常常趋向于形成某种特定的习见形态，称为该矿物的晶体习性或结晶习性，简称晶习。其含义强调矿物单晶体的总体外貌特征，即晶体形态在三维空间发育的情况。由于同种矿物晶体，其内部结构是相同的，而晶体形态与内部结构有关，所以，同种物质的晶体有形成一定形态的明显趋势。

根据晶体在三维空间发育程度的不同，晶体的习性可分为 3 种基本类型。

(1)一向延长型：晶体延一个方向特别发育，呈柱状、针状等。如石英、绿柱石、电气石、角闪石等。

(2)二向延展型：晶体延两个方向相对更发育，呈板状、片状、鳞片状和叶片状等。如云母、石墨和绿泥石等。

(3)三向等长型：晶体延 3 个方向发育大致相等，呈粒状或等轴状。如橄榄石、黄铁矿和石榴子石等。

多数矿物晶体的晶体习性基本保持不变，如橄榄石、石榴子石、黄铁矿总是粒状的，云母、石墨总是片状的，石英、角闪石总是柱状的。但也有少数矿物晶体的晶习随温度、杂质等外因而改变，例如高温结晶的方解石具有片状晶习，而在中低温结晶的方解石具有柱状及锥状晶习。

此外，晶面上还可以形成各种各样的晶面花纹，这是晶体生长过程中在晶面上留下的痕迹，通过晶面花纹也能反映晶面内部结构与外部生长条件的信息。按其形成的原因分为 3 种。

(1) 聚形条纹：由于不同晶面反复相聚、交替生长而在晶面上出现的一系列直线状平行条纹，即称聚形条纹。它是晶体在生长过程中形成的，仅见于晶面上，故又称为生长条纹或晶面条纹。例如，石英柱面上的聚形横纹[图 2-11(a)]，是由六方柱与上面的锥面（菱面体晶面）反复交替发育而形成的；黄铁矿的立方体晶面上 3 组互相垂直的条纹[图 2-11(b)]，是由立方体与另一种晶面反复交替发育而形成的。聚形纹是某些矿物晶体特有的现象，可以根据聚形纹来鉴定矿物。

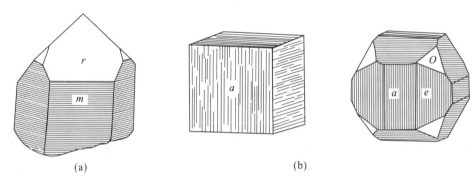

图 2-11　石英(a)和黄铁矿(b)晶面上的聚形纹
（引自潘兆橹，1993）

(2) 生长台阶：晶体的生长是在晶面上一层一层生长的，这种一层一层地相继生长，会在晶面上留下台阶，台阶的形状可以是多边形，也可以是螺旋状，如图 2-12、图 2-13 所示。一般来说，螺旋状生长台阶反映生长时的浓度较低、温度较低，而多边形的生长台阶反映晶体生长时浓度较高、温度较高。

图 2-12　绿柱石晶体上的多边形生长台阶　　图 2-13　黑钨矿晶体上的螺旋状生长台阶
（据王文魁，1992）

(3) 生长丘：晶体生长过程中形成的、略凸出于晶面之上的丘状体。如绿柱石锥面上的生长丘（图 2-14）。

(4)蚀象:晶体形成后,晶面因受溶蚀而留下的凹坑(即蚀坑),称蚀象。蚀象受晶体内部质点排列方式的控制,因而不同矿物的晶体及同一晶体不同类型的晶面上,其蚀象的形状和取向各不相同。只有同一晶体同一类型的晶面上的蚀象才相同,因此可利用蚀象来鉴定矿物、确定晶面类型及晶体的真实对称。如石英晶体各晶面的腐蚀象如图 2-15 所示。

图 2-14 绿柱石晶体的生长丘图

图 2-15 石英晶面上的蚀象坑示意图
(据 Zhao S R,2009)

2. 矿物单体的规则连生体形态

矿物单晶体有时还出现两个或多个规则连生在一起的现象,既然是规则连生,各单体之间的结晶学方位就一定不是任意的,而是有规律的。这种规则连生体常见的有平行连晶(parallel grouping)和双晶(twin)。

(1)平行连晶:多个同种矿物晶体以完全相同的结晶学方位平行地连生在一起,如明矾晶体的平行连晶(图 2-16)。

(2)双晶:两个或多个同种矿物晶体以某种对称规律的方位连生在一起,具体的对称规律有多种,如以对称面的规律(即镜面对称规律)连生(图 2-17)和以对称轴的规律(即旋转对称规律)连生(图 2-18)。

有时还可以形成许多单体以相同的对称规律连生的现象。如斜长石的聚片双晶(图 2-19),其中相邻单体是以对称面的规律联系的,而相间单体之间却具有完全相同的结晶学方位。

聚片双晶在解理面和晶面上会形成条纹,称聚片双晶纹。聚片双晶纹有时易与聚形纹相混淆,它们的区别是:聚片双晶纹是由双晶中各单体之间的接合面所造成的。这种接合面贯穿整个双晶体,所以在与接合面近于垂直的任意界面(包括晶

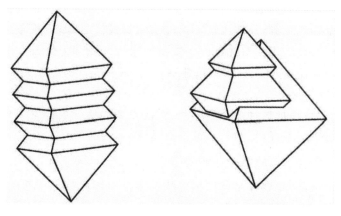

图 2-16 明矾的八面体晶体的平行连晶
(引自潘兆橹等,1993)

图 2-17 石膏的燕尾双晶

图 2-18 长石的卡斯巴双晶

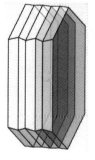

(a) 聚片双晶模型

(b) 具有聚片双晶的斜长石标本

图 2-19 斜长石的聚片双晶

面、晶体破裂形成的解理面等)均可见到聚片双晶纹;而聚形纹是由晶面生长形成的,它只能在晶面上见到,晶体内部不可能有聚形纹。另外,从现象上也可以区分聚片双晶纹与聚形纹,聚片双晶纹的条纹粗细均匀、较密集(参见附录一"矿物知识图片"图Ⅰ-23),而聚形纹的条纹粗细不均匀、较稀疏(参见附录一"矿物知识图片"图Ⅰ-1)。

双晶有时还可根据这种双晶的形状、首次发现的地方或经常出现该双晶的矿物进行命名,如燕尾双晶(形状)、卡斯巴双晶(地名)、钠长石律双晶(矿物名)。

3. 矿物多晶(显晶)的集合体形态

矿物多晶(显晶)集合体是指同种矿物的多个单体聚集在一起的整体,在这个整体中可以用眼睛分辨单个晶体大小及其形态特点。多晶(显晶)集合体形态的描述比较简单,根据单晶体的形状特点来描述即可。有以下几种类型。

(1) 粒状集合体:由矿物单晶体颗粒聚集而成。颗粒的形态多近于三向等长形。按照矿物单体颗粒大小不同可划分为粗粒(颗粒直径大于5mm)、中粒(1~5mm)和细粒(小于1mm)3级。

(2) 片状集合体:在集合体中矿物颗粒为两向伸长形,由大到小、由厚到薄的不同,可分别构成板状、片状、鳞片状集合体。

(3) 柱状集合体:颗粒为一向伸长形,则会形成柱状、针状、毛发状、纤维状或束状、放射状集合体。如果这些柱状晶体有共同基底,形成一种矿物或不同矿物的晶体群,称晶簇(图2-20)。形成晶簇的原因,是因为与基底成最大倾斜角度的晶体最易发育,而其他的晶体由于在生长过程中受到阻碍会逐渐被淘汰,这种现象称为几何淘汰律。

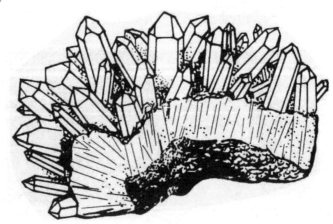

图2-20 石英的晶簇

(据罗谷风,引自南京大学地质系岩石矿物教研室,1978)

4. 矿物隐晶和胶态集合体形态

隐晶集合体是指许多非常细小的晶体聚集起来的整体,在这个整体中眼睛甚至光学显微镜下分辨不出单晶体,晶体很小很小,为隐晶态;胶态集合体则是指根本就没有结晶成为晶体,为非晶态(即胶态)。

隐晶和胶态集合体是比较难观察与描述的,因为肉眼已经看不到单晶体了,所以就只能根据集合体总体外貌来描述。这时出现了一些新的名词术语:结核体、鲕状、豆状、肾状、钟乳状、分泌体、杏仁体等。这些形态都称为胶体形态,其中结核体、鲕状、豆状、肾状、钟乳状都是由内部向外部层层沉淀凝固形成,而分泌体、杏仁体是由外部向内部层层沉淀凝固形成。注意,这里是沉淀,不是生长!沉淀是指胶粒堆积凝固,沉淀不能够形成单晶体,只能形成胶凝体,即胶态矿物,它们是非晶态或隐晶态的;而生长是指离子、原子按照晶体结构规律排列形成格子构造,因而可以形成单晶体。

下面详细介绍这些隐晶和胶态集合体的形貌特点与形成过程。

(1)分泌体:分泌体又称晶腺,是岩石中的空洞被溶液或胶体充填而成的矿物集合体。这种充填是从洞壁开始,逐渐向中心沉淀形成的。在沉淀过程中,充填物质的成分可以有变化,从而使分泌体具有同心层状构造(参见附录一"矿物知识图片"图Ⅰ-33)。直径小于1cm的分泌体又叫杏仁体。火山喷出岩的气孔常被次生充填,从而使岩石具杏仁构造。

(2)结核体:结核体是物质围绕某一中心向外围逐渐沉淀形成的矿物体,其沉淀程序与分泌体刚好相反。结核体产生于沉积岩层中,常见的有磷灰石、黄铁矿等成分的结核体(参见附录一"矿物知识图片"图Ⅰ-32)。结核的内部一般也具有同心层状构造。当结核体球粒直径小于2mm并形成许多形状、大小如鱼卵者的结核体集合体时称鲕状集合体,如鲕状赤铁矿(参见附录一"矿物知识图片"图Ⅰ-29);当球粒直径稍大、形成如豌豆般的结核体集合体时称豆状集合体,球粒直径更大时称肾状集合体(参见附录一"矿物知识图片"图Ⅰ-30)。

(3)钟乳状体:是由真溶液蒸发或胶体凝聚,使沉淀物逐层堆积而成的矿物集合体。在石灰岩溶洞中常见的石钟乳(图2-21)、石笋和石柱等,它们均属钟乳状体;有时钟乳状体也表现为葡萄状或肾状。

在矿物形态观察与描述中,最难的是判断矿物标本是一个单晶体还是隐晶或胶态集合体(结核体、分泌体、杏仁体等),因为隐晶或胶态集合体看上去也像一个单体,它们的区别是:凡是外部轮廓为浑圆状的,一定不是单晶体,一定是隐晶或胶态集合体,因为晶体只能是几何多面体(如果晶面发育完整)或不规则状(如果晶面不发育或者晶体被破碎了)。另外,隐晶或胶态集合体常常发育同心环带状构造,这是由于层层沉淀形成的。如果外部轮廓为不规则状,就有可能是隐晶或胶态集

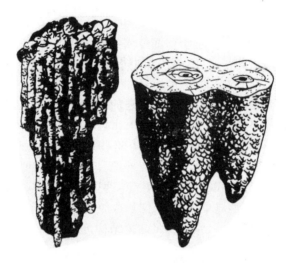

图 2-21 方解石的钟乳状
(据罗谷风、蒋志超,引自南京大学地质系岩石矿物教研室,1978)

合体,也有可能是单晶体,这时要借助于显微镜等测试手段。

一定要注意单体形态和多晶(显晶)集合体形态的描述术语与隐晶和胶态集合体形态的描述术语的不同,不能混淆。粒状、柱状、针状、板状、片状、鳞片状、放射状等是针对单体形态和显晶集合体形态的;结核体、鲕状、豆状、肾状、钟乳状、分泌体、杏仁体等是针对隐晶和胶态集合体形态的。

在隐晶和胶态集合体中,常常可以见到放射状的晶体,这是由于后期晶化作用形成的,即:原来的隐晶和胶态矿物在长期的地质年代中可以通过晶化作用由非晶体(或隐晶体)转变为晶体。这个过程是可以自发进行的,因为隐晶及非晶质体内能高,有自发地向内能低的晶态物质转化的趋势。钟乳石横截面上的放射状构造参见附录一"矿物知识图片"图Ⅰ-28,这种放射状构造是由无数细小的针状晶体放射状排列而成。

矿物集合体的形态除上述类型外,还常见有粉末状、土状、树枝状、块状等。而且,当看到一块矿物标本没有什么特殊外形,可以简单描述为块状,这个"块状"可能是一个单晶体的碎块、解理块,也可能是隐晶或胶态矿物的致密块状体。

四、矿物的物理性质

矿物的物理性质(physical properties)主要指矿物的光学性质、力学性质等,它们取决于其本身的化学成分和内部结构。矿物晶体的内部格子构造又决定了矿物在物理性质上表现出的均一性、异向性和对称性。矿物的物理性质是鉴别矿物晶体的主要依据。同时,矿物的物理性质与其形成环境密切相关,同种矿物由于形成条件的不同,其成分和结构在一定程度上随之产生相应的变化,必然要反映到物理性质上。因此,研究矿物的物理性质可以提供矿物乃至岩石的成因信息。

另外,不少矿物因其具有特殊的物理性质,可直接应用于工业生产。例如,刚玉的硬度高可用作研磨材料和精密仪器的轴承;石英的压电性可用于电子工业制作振荡元件;重晶石的密度大可作为钻井泥浆的加重剂,以防井喷的发生;等等。

1. 矿物的光学性质

矿物的光学性质是指矿物对可见光的反射、折射、吸收等所表现出来的各种性质。

1) 矿物的颜色

矿物的颜色是矿物对入射的白色可见光(390~770nm)中不同波长的光波吸收后,透射和反射的各种波长可见光的混合色。自然光呈白色,它是由红、橙、黄、绿、蓝、青、紫7种颜色的光波组成。不同的色光,波长各不相同。不同颜色的互补关系如图2-22所示,对角扇形区为互补的颜色。当矿物对白光中不同波长的光波同等程度地均匀吸收时,矿物所呈现的颜色取决于吸收程度。如果是均匀地全部吸收,矿物即呈黑色;若基本上都不吸收,则为无色或白色;若各色光皆被均匀地吸收了一部分,则视其吸收量的多少,而呈现出不同浓度的灰色。如果矿物只是选择性地吸收某种波长的色光时,则矿物呈现出被吸收的色光的补色。

图2-22 七色光的互补关系

矿物的颜色据其产生的原因,通常可分为自色、他色和假色3种。自色是由矿物本身固有的化学成分和内部结构所决定的颜色,对同种矿物来说,自色一般相当固定,因而是鉴定矿物的重要依据之一;他色是指矿物因含外来带色的杂质、气液包裹体等所引起的颜色,它与矿物本身的成分、结构无关,不是矿物固有的颜色,无鉴定意义;假色是由物理光学效应所引起的颜色,是自然光照射在矿物表面或进入到矿物内部所产生的干涉、衍射、散射等而引起的颜色,假色只对个别矿物有辅助鉴定意义。矿物中常见的假色主要有锈色、晕色、变彩等。

2) 矿物的条痕

矿物的条痕是矿物粉末的颜色。通常是指矿物在白色无釉瓷板上擦划所留下的粉末的颜色。矿物的条痕能消除假色、减弱他色、突出自色,它比矿物颗粒的颜色更为稳定,更有鉴定意义。例如,不同成因不同形态的赤铁矿可呈钢灰、铁黑、褐红等色,但其条痕总是呈特征的红棕色(或称樱红色)。条痕对于鉴定不透明矿物和鲜艳彩色的透明—半透明矿物,尤其是硫化物或部分氧化物和自然元素矿物,具有重要意义;而浅色或白色、无色的透明矿物,其条痕多为白色、浅灰色等浅色,无鉴定意义。有些矿物由于类质同象混入物的影响,其条痕和颜色会有所变化。例如,不同温度条件下形成的闪锌矿,随着铁含量的增高,其颜色从浅黄、黄褐变至褐黑、铁黑色,条痕由黄白色变为褐色。显然,根据条痕的微细变化,可大致了解矿物成分的变化,推测矿物的形成条件。

3)矿物的透明度

矿物的透明度是指矿物允许可见光透过的程度。矿物肉眼鉴定时,通常是依据矿物碎片刃边的透光程度,配合矿物的条痕,将矿物的透明度划分为透明、半透明、不透明3个等级。透明矿物条痕常为无色或白色,或略呈浅色,半透明矿物条痕呈各种彩色(如红、褐等色),不透明矿物条痕具黑色或金属色。

4)矿物的光泽

矿物的光泽是指矿物表面对可见光的反射能力。矿物反光的强弱主要取决于矿物对光的吸收的程度,吸收越强,被吸收的光会反射出来,矿物反光能力越大,光泽则越强,反之则光泽弱。矿物肉眼鉴定时,根据矿物新鲜平滑的晶面、解理面或磨光面上反光能力的强弱,同时常配合矿物的条痕和透明度,而将矿物的光泽分为4个等级。

(1)金属光泽:反光能力很强,似平滑金属磨光面的反光。矿物具金属色,条痕呈黑色或金属色,不透明。如方铅矿、黄铁矿和自然金等。

(2)半金属光泽:反光能力较强,似未经磨光的金属表面的反光。矿物呈金属色,条痕为深彩色(如棕色、褐色等),不透明—半透明。如赤铁矿、铁闪锌矿和黑钨矿等。

(3)金刚光泽:反光较强,似金刚石般明亮耀眼的反光。矿物的颜色和条痕均为浅色(如浅黄、橘红、浅绿等)、白色或无色,半透明—透明。如浅色闪锌矿、雄黄和金刚石等。

(4)玻璃光泽:反光能力相对较弱,呈普通平板玻璃表面的反光。矿物为无色、白色或浅色,条痕呈无色或白色,透明。如方解石、石英和萤石等。

此外,在矿物不平坦的表面或矿物集合体的表面上,常表现出一些特殊的变异光泽,主要根据形似而命名,如:油脂光泽——某些具玻璃光泽或金刚光泽、解理不发育的浅色透明矿物,在其不平坦的断口上所呈现的如同油脂般的光泽,如石英;树脂光泽——在某些具金刚光泽的黄、褐或棕色透明矿物的不平坦的断口上,可见到似松香般的光泽,如雄黄等;沥青光泽——解理不发育的半透明或不透明黑色矿物,其不平坦的断口上具乌亮沥青状光亮,如沥青铀矿和富含 Nb、Ta 的锡石等;珍珠光泽——浅色透明矿物的极完全的解理面上呈现出如同珍珠表面或蚌壳内壁那种柔和而多彩的光泽,如白云母和透石膏等;丝绢光泽——无色或浅色、具玻璃光泽的透明矿物的纤维状集合体表面常呈蚕丝或丝织品状的光亮,如纤维石膏和石棉等;蜡状光泽——某些透明矿物的隐晶质或非晶质致密块体上,呈现有如蜡烛表面的光泽,如块状叶蜡石、蛇纹石等;土状光泽——呈土状、粉末状或疏松多孔状集合体的矿物,表面如土块般暗淡无光,如块状高岭石和褐铁矿等。

影响矿物光泽的主要因素是矿物的化学键类型。具金属键的矿物,一般呈现金属或半金属光泽;具共价键的矿物一般呈现金刚光泽或玻璃光泽;具离子键或分子键的矿物,对光的吸收程度小,反光就很弱,光泽即弱。

矿物光泽的等级一般是确定的,但变异光泽却因矿物产出的状态不同而异。光泽是矿物鉴定的依据之一,也是评价宝石的重要标志。

2. 矿物的力学性质

矿物的力学性质是指矿物在外力(如敲打、挤压、拉引和刻划等)作用下所表现出来的性质。

1) 解理

矿物晶体受应力作用而超过弹性限度时,沿一定结晶学方向破裂成一系列光滑平面的固有特性。这些光滑的平面称为解理面。解理是晶质矿物才具有的特性,严格受其晶体结构因素——晶格及化学键类型及其强度和分布的控制,解理面常沿晶体结构中化学键力最弱的面产生。显然,解理是晶体异向性的具体体现之一。解理还可以体现晶体的对称性,在晶体结构中成对称关系的平面,会发育相同的解理。一个晶体中有多个方向的解理,这被称为解理的组数,同一方向的解理为一组解理。呈对称关系的不同解理应具有完全相同的等级与性质,不呈对称关系的解理一般具有不同的等级与性质。解理的等级是根据解理产生的难易程度及其完好性来划分的。

(1) 极完全解理:矿物受力后极易裂成薄片,解理面平整而光滑,如云母、石墨、透石膏的解理(参见附录一"矿物知识图片"图Ⅲ-4)。

(2) 完全解理:矿物受力后易裂成光滑的平面或规则的解理块,解理面显著而平滑,常见平行解理面的阶梯。如方铅矿、方解石的解理(参见附录一"矿物知识图片"图Ⅲ-1、图Ⅲ-2)。

(3) 中等解理:矿物受力后,常沿解理面破裂,解理面较小而不很平滑,且不太连续,常呈阶梯状,却仍闪闪发亮,清晰可见。如白钨矿的解理。

(4) 不完全解理:矿物受力后,不裂出解理面。如石英、石榴子石、磷灰石、橄榄石。

2) 裂开(或称裂理)

裂开是指矿物晶体在某些特殊条件下(如杂质的夹层及机械双晶等),受应力后沿着晶格内一定的结晶方向破裂成平面的性质。裂开的平面称为裂开面。显然，从现象上看，裂开酷似解理，也只能出现在晶体上，但二者产生的原因不同，裂开不直接受晶体结构控制，而是取决于杂质的夹层及机械双晶等结构以外的非固有因素，裂开面往往沿定向排列的外来微细包裹体或固溶体出溶物的夹层及由应力作用造成的聚片双晶的接合面产生。当这些因素不存在时，矿物则不具裂开。例如，磁铁矿本来是没有解理的，但某些磁铁矿可见有与解理一样的现象，这就是磁铁矿的裂开（参见附录一"矿物知识图片"图Ⅲ-10），即：磁铁矿的类似于解理的现象是由于其含有沿某个结晶学方向分布的显微状钛铁矿、钛铁晶石出溶片晶所致。

3) 断口

断口是指矿物晶体受力后将沿任意方向破裂而形成各种不平整的断面。显然，矿物的解理与断口产生的难易程度是互为消长的，有解理的矿物较难看到断口，在一个矿物晶体中，有解理的方向就一定没有断口。晶格内各个方向的化学键强度近于相等的矿物晶体，受力破裂后，一般形成断口，而很难产生解理。断口常呈一些特征的形状，但它不具对称性，并不反映矿物的任何内部特征，因此断口只可作为鉴定矿物的辅助依据。断口不仅可见于矿物单晶体上，也可出现在同种矿物的集合体中。矿物断口的形状有贝壳状断口（如石英的贝壳状断口，参见附录一"矿物知识图片"图Ⅲ-6）、锯齿状断口、参差状断口、土状断口、纤维状断口。

4) 矿物的硬度

矿物的硬度是指矿物抵抗外来机械作用（如刻划、压入或研磨等）的能力。它是鉴定矿物的重要特征之一。矿物的肉眼鉴定中，通常采用摩斯硬度（Mohs hardness），它是一种刻划硬度，用 10 种硬度递增的矿物为标准来测定矿物的相对硬度，此即摩斯硬度计（Mohs scale of hardness）（表 2-3）。

表 2-3　摩斯硬度计

硬度等级	1	2	3	4	5	6	7	8	9	10
标准矿物	滑石	石膏	方解石	萤石	磷灰石	正长石	石英	黄玉	刚玉	金刚石

矿物肉眼鉴定硬度时，必须注意选择新鲜、致密、纯净的单矿物。例如某石榴子石能刻动石英，但不能刻动黄玉，却能为黄玉所划伤，则其硬度介于 7~8 之间。此外，在实际鉴定时还可用更简便的工具，如指甲（2.0~2.5）和小钢刀（5.0~6.0）来代替硬度计。本教材后述章节中，如不加特别说明，所述的硬度都是摩斯硬度。

矿物的硬度是矿物成分及内部结构牢固性的具体表现之一。首先，矿物的硬度主要取决于其内部结构中质点间联结力的强弱，即化学键的类型及强度。一般地,典型原子晶格(如金刚石)具有很高的硬度,但对于具有以配位键为主的原子晶格的大多数硫化物矿物,由于其键力不太强,故硬度并不高,离子晶格矿物的硬度通常较高,但随离子性质的不同而变化较大;金属晶格矿物的硬度比较低(某些过渡金属除外);分子晶格因分子间键力极微弱,其硬度最低。

矿物的硬度也能体现晶体的异向性,同一矿物晶体的不同方向上的硬度会有差异,最典型的例子是蓝晶石,其柱面上的硬度随方向的不同而变化,平行柱体方向小钢刀能刻划形成沟槽,垂直柱体方向小钢刀刻不动。

5) 矿物的弹性与挠性

矿物在外力作用下发生弯曲形变,当外力撤除后,在弹性限度内能够自行恢复原状的性质,称为弹性;而某些层状结构的矿物,在撤除使其发生弯曲形变的外力后,不能恢复原状,称为挠性。云母片一般都具有弹性,而滑石、绿泥石、石墨片都具有挠性。

矿物的弹性和挠性取决于晶体结构特点,即矿物晶格内结构层间或链间键力的强弱。如果键力很微弱,受力时,层间或链间可发生相对位移而弯曲,由于基本上不产生内应力,故形变后内部无力促使晶格恢复到原状而表现出挠性;若层间或链间以一定强度的离子键联结,受力时发生相对晶格位移,同时所产生的内应力能在外力撤除后使形变迅速复原,即表现出弹性;然而,当键力相当强时,矿物则表现出脆性。

6) 矿物的脆性与延展性

矿物的脆性是指矿物受外力作用时易发生碎裂的性质,它与矿物的硬度无关,有些脆性矿物虽然易碎但硬度还是很高的。自然界绝大多数非金属晶格矿物都具有脆性,如自然硫、萤石、黄铁矿、石榴子石和金刚石。矿物的延展性是指受外力拉引时易成为细丝,在锤击或碾压下易形变成薄片的性质。它是矿物受外力作用发生晶格滑移形变的一种表现,是金属键矿物的一种特性。自然金属元素矿物,如自然金、自然银和自然铜等均具强延展性;某些硫化物矿物,如辉铜矿等也表现出一定的延展性。

肉眼鉴定矿物时,用小刀刻划矿物表面,若留下光亮的沟痕,而不出现粉末或碎粒,则矿物具延展性,借此可区别于脆性矿物。

3. 矿物的其他性质

1) 矿物的密度和相对密度

矿物的密度是指矿物单位体积的质量,其单位为 g/cm^3,它可以根据矿物的晶胞大小及其所含的分子数和分子量计算得出;矿物的相对密度是指纯净的单矿物在空气中的质量与4℃时同体积的水的质量之比。显然,相对密度无量纲,其数值与密度相同,但它更易测定。

矿物肉眼鉴定时，通常是凭经验用手掂量，将矿物的相对密度分为3级。

(1)轻的：相对密度小于2.5，如石墨。

(2)中等的：相对密度在2.5～4之间，如石英。

(3)重的：相对密度大于4，如黄铁矿、重晶石等。

矿物的相对密度是矿物晶体化学特点在物理性质上的又一反映，它主要取决于其组成元素的原子量、原子或离子的半径及结构的紧密程度。

此外，矿物的形成环境对相对密度也有影响。一般来说，高压环境下形成的矿物的相对密度较其低压环境的同质多象变体为大；而温度升高则有利于形成配位数较低、相对密度较小的变体。

2)矿物的磁性

矿物的磁性是指矿物在外磁场作用下被磁化所表现出能被外磁场吸引、排斥或对外界产生磁场的性质。矿物的磁性，主要是由于组成矿物的原子或离子的未成对电子的自旋磁矩产生的。矿物肉眼鉴定时，一般以马蹄形磁铁或磁化小刀来测试矿物的磁性，常粗略地分为3级。

(1)强磁性：矿物块体或较大的颗粒能被吸引，如磁铁矿。

(2)弱磁性：矿物粉末能被吸引，如铬铁矿。

(3)无磁性：矿物粉末也不能被吸引，如黄铁矿。

3)矿物的导电性和介电性

矿物的导电性是指矿物对电流的传导能力，它主要取决于化学键类型及内部能带结构特征，一般地，具有金属键的自然元素矿物和某些金属硫化物极易导电，如自然铜、石墨、辉铜矿和镍黄铁矿等，而离子键或共价键矿物则具弱导电性或不导电，如石棉、白云母、石英和石膏等；矿物的介电性是指不导电的或导电性极弱的矿物在外电场中被极化产生感应电荷的性质，矿物分选时，常可利用其介电性来分离电介质矿物。

4)矿物的压电性

矿物的压电性是指某些电介质的单晶体，当受到定向压力或张力的作用时，能使晶体垂直于应力的两侧表面上分别带有等量的相反电荷的性质，若应力方向反转时，则两侧表面上的电荷易号，晶体在机械压、张应力不断交替作用下，即可产生一个交变电场，这种效应称为压电效应。若将压电晶体置于一个交变电场中，则会引起晶体发生机械伸缩的效应，称反压电效应。当交变电场的频率与压电晶体本身机械振动的频率一致时，则将发生特别强烈的共振现象。晶体的压电性具有重大的理论意义和经济价值，广泛应用于无线电、雷达及超声波探测等现代技术和军事工业中用作谐振片、滤波器和超声波发生器等。

5）矿物的热释电性

矿物的热释电性是指某些晶体在加热或冷却时,其一定结晶学方向的两端会产生相反电荷的性质。热释电效应源于晶体的自发极化。晶体由于温度变化热胀冷缩,导致晶格中电荷的相对位移,使晶体的总电矩发生变化,而激起晶体表面荷电。热释电晶体可同时具有压电性,而压电晶体却不一定具热释电性。热释电晶体主要用来制作红外探测器和热电摄像管,广泛应用于红外探测技术和红外热成像技术等领域,还可以用于制冷业。

矿物的其他物理性质有导热性、热膨胀性、熔点、易燃性、挥发性、吸水性、可塑性、放射性,它们在矿物鉴定、应用及找矿上常有重要的意义。

第三章　常见造岩矿物

根据矿物的化合物类型及晶体结构特点,可以将矿物进行分类,见表 3-1。

表 3-1　矿物的晶体化学分类

大类	类
自然元素	自然金属元素
	自然非金属元素
	自然半金属元素
硫化物及其类似化合物	简单硫化物
	复硫化物
	硫盐
氧化物和氢氧化物	氧化物
	氢氧化物
含氧盐	硅酸盐
	碳酸盐
	硫酸盐
	磷酸盐
	钨酸盐
	硼酸盐等
卤化物	

地壳中分布最广、数量最多的是硅酸盐和碳酸盐矿物,它们是地壳中三大类岩石(岩浆岩、沉积岩和变质岩)的主要矿物,称为造岩矿物。与此相对应,将矿石(主要是指有色金属矿石)中的主要组成矿物称为造矿矿物,造矿矿物主要是硫化物和

氧化物矿物。在岩石中，还有一些含量很少（一般少于1%）的矿物，称副矿物。造岩矿物、造矿矿物、副矿物都是以矿物的产出状态和在岩石或矿石中的含量来划分的，是相对的。例如，在花岗岩中，磷灰石通常是副矿物，它以细小晶体且含量小于1%的形式出现，但在磷块岩中，磷灰石却是造岩矿物，它的含量可大于90%；再例如，在某些铁矿石中磁铁矿是造矿矿物，但在一些超基性火成岩中磁铁矿也可以是副矿物。

第一节　硅酸盐矿物

硅和氧是地壳中分布最广、含量最高的元素，其克拉克值分别为 27.72% 和 46.6%。在自然界中硅和氧的亲和力最大，因此往往形成具 Si—O 络阴离子团的硅酸盐。

硅酸盐矿物在自然界中分布极为广泛，已知硅酸盐矿物有 600 余种，约占已知矿物种的 1/4，就其质量而言，约占地壳岩石圈总质量的 85%。

硅酸盐矿物是三大类岩石（岩浆岩、变质岩、沉积岩）的主要造岩矿物，同时也可以成为工业上所需要的各种矿产资源。如石棉、滑石、云母、高岭石、沸石等多种硅酸盐矿物可直接应用于国民经济的各有关部门；Li、Be、Zr、B、Rb、Cs 等元素大部分从硅酸盐矿物中提取。此外，还有不少硅酸盐矿物是珍贵的宝石矿物，如祖母绿和海蓝宝石（绿柱石）、翡翠（翠绿色硬玉）、碧玺（电气石）等。

组成硅酸盐矿物的元素主要是惰气型离子和部分过渡型离子。除去主要由 Si 和 O 组成的络阴离子团外，还可以出现附加阴离子 O^{2-}、OH^-、F^-、Cl^- 以及 S^{2-}、$[CO_3]^{2-}$、$[SO_4]^{2-}$ 等。此外，还可以有 H_2O 分子参加。

在硅酸盐结构中，每个 Si 一般为 4 个 O 所包围，构成 $[SiO_4]$ 四面体（图 3-1），它是硅酸盐矿物晶体结构中最基本的单位，不同硅酸盐中，$[SiO_4]$ 四面体基本保持不变。由于 Si^{4+} 的化合价为 4 价，配位数为 4，它赋于每一个 O^{2-} 的电价为 1，即等于 O^{2-} 电价的一半，O^{2-} 另一半电价可以用来联系其他阳离子，也可以与另一个 Si^{4+} 相联。因此，在硅酸盐结构中 $[SiO_4]$ 四面体既可以孤立地被其他阳离子包围起来，也可以彼此以共用角顶的方式联结起来形成各种型式的络阴离子团，我们称 $[SiO_4]$ 四面体及其共角顶相联形成的络阴离子团为硅氧骨干。但是，$[SiO_4]$ 四面体只能共角顶相联，不能共棱、共面，这是因为 $[SiO_4]$ 四面体体积小，且 Si^{4+} 电价高，如果共棱、共面，会引起 Si—Si 强烈的排斥而不稳定。在 $[SiO_4]$ 四面体共角顶处，氧同时与两个硅成键，无剩余电荷，称为惰性氧或桥氧，非共用角顶处的氧只与一个硅成键，有一剩余电荷，称活性氧或端氧（图 3-1，图 3-2）。

目前所发现的硅氧骨干型式已有数十种,现将几种主要类型叙述如下。

(1) 岛状硅氧骨干:包括孤立的[SiO_4]单四面体(图3-1)及[Si_2O_7]双四面体(图3-2)。前者无惰性氧,如橄榄石$(Mg,Fe)_2[SiO_4]$,后者有一个惰性氧,如异极矿$Zn_4[Si_2O_7](OH)_2$。

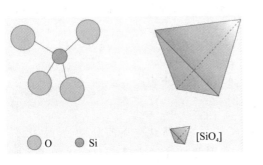

图3-1 [SiO_4]四面体[所有的氧离子为活性氧(端氧)]

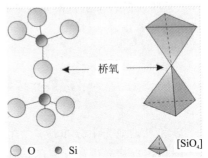

图3-2 [Si_2O_7]双四面体[四面体相互联结处为惰性氧(桥氧)]

(2) 环状硅氧骨干:[SiO_4]四面体以角顶联结形成封闭的环,根据[SiO_4]四面体环节的数目可以有三环[Si_3O_9]、四环[Si_4O_{12}]、六环[Si_6O_{18}]等(图3-3)。

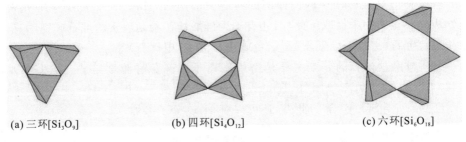

(a) 三环[Si_3O_9]　　(b) 四环[Si_4O_{12}]　　(c) 六环[Si_6O_{18}]

图3-3 环状硅氧骨干

(3) 链状硅氧骨干:[SiO_4]四面体以角顶联结成沿一个方向无限延伸的链,其中常见者有单链和双链。在单链中每个[SiO_4]四面体有两个角顶与相邻的[SiO_4]四面体共用,如辉石单链[Si_2O_6]、硅灰石单链[Si_3O_9]等,见图3-4。双链犹如两个单链相互联结而成,如两个辉石单链[Si_2O_6]相联形成角闪石双链[Si_4O_{11}]和矽线石双链(图3-5)。

(4) 层状硅氧骨干:[SiO_4]四面体以角顶相连,形成在两度空间上无限延伸的层。在层中每一个[SiO_4]四面体以3个角顶与相邻的[SiO_4]四面体相联结。如滑石$Mg_3[Si_4O_{10}](OH)_2$的层状硅氧骨干[Si_4O_{10}](图3-6)。

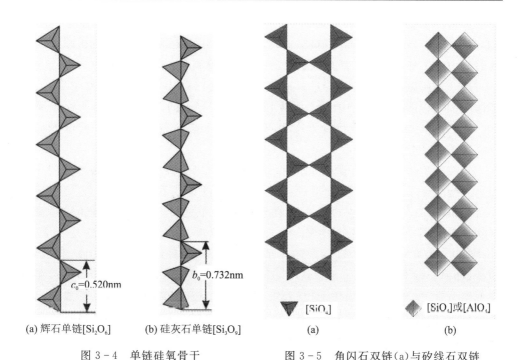

(a) 辉石单链[Si_2O_6]　　(b) 硅灰石单链[Si_3O_9]　　　(a)　　　　　(b)

图 3-4　单链硅氧骨干　　　　图 3-5　角闪石双链(a)与矽线石双链(b)硅氧骨干

(5)架状硅氧骨干：在骨干中每个[SiO_4]四面体 4 个角顶全部与其相邻的 4 个[SiO_4]四面体共用，每个氧与两个硅相联系，这样，所有的氧都将是惰性的，即所有的氧的电荷已经被硅中和了，骨干外不再需要其他阳离子了，这种情况就形成了 SiO_2 矿物，如石英。按照化合物类型应该将 SiO_2 矿物划分为氧化物矿物，而不是硅酸盐矿物，但由于其晶体结构特点与硅酸盐矿物有非常紧密的联系，也有

图 3-6　滑石的层状硅氧骨干

教科书将 SiO_2 矿物划分为硅酸盐矿物。本教材将 SiO_2 矿物划分为硅酸盐矿物。架状骨干除了形成 SiO_2 矿物外，还可以形成骨干外具有其他阳离子的硅酸盐矿物，这时就必须有部分的 Si^{4+} 为 Al^{3+} 所代替，导致正电荷减少，从而使 O^{2-} 带有部分剩余电荷得以与骨干外的其他阳离子结合，形成铝硅酸盐。如钠长石

Na[AlSi$_3$O$_8$]、钙长石 Ca[Al$_2$Si$_2$O$_8$]等。由于在架状骨干中氧离子剩余电荷是由 Al^{3+} 代替 Si^{4+} 产生的,因而电荷低,而且架状骨干中存在着较大的空隙,因此架状硅酸盐中骨干外的阳离子都是低电价、大半径的阳离子,如 K$^+$、Na$^+$、Ca^{2+}。

Al^{3+} 之所以能够代替 Si^{4+} 进入硅氧骨干,是因为 Al^{3+} 和 Si^{4+} 的离子半径、离子性质都很相近。在矿物中 Al^{3+} 代替 Si^{4+} 还是很普遍的,除了架状骨干必须要有 Al^{3+} 代替 Si^{4+},在层状、链状骨干中也可以发生 Al^{3+} 代替 Si^{4+},如白云母 K{Al$_2$[(Si$_3$Al)O$_{10}$](OH)$_2$}。

铝在硅酸盐结构中起着双重作用,一方面它可以呈四次配位,代替部分的 Si^{4+} 而进入络阴离子团,从而形成铝硅酸盐,如上述的钠长石 Na[AlSi$_3$O$_8$]、钙长石 Ca[Al$_2$Si$_2$O$_8$];另一方面它也可以存在于硅氧骨干之外,呈八面体配位,起着像 Mg^{2+}、Fe^{2+} 等一般阳离子的作用,形成铝的硅酸盐,如红柱石及蓝晶石 Al$_2$[SiO$_4$]O;有时 Al 可以在同一晶体结构中以上述两种形式存在,形成铝的铝硅酸盐,如白云母 K{Al$_2$[(Si$_3$Al)O$_{10}$](OH)$_2$}。铝的配位形式还与外因有关,在高压低温条件下,易形成八面体配位(六次配位),在低压高温条件下,易形成四面体配位(四次配位)。例如,蓝晶石 Al$_2$[SiO$_4$]O(其中的 Al^{3+} 为六次配位)与矽线石 Al[AlSiO$_5$](其中一半 Al^{3+} 为四次配位)的转变式为:

$$\underset{\text{蓝晶石}}{Al_2[SiO_4]O} \xrightleftharpoons[\text{高压}]{\text{高温}} \underset{\text{矽线石}}{Al[AlSiO_5]}$$

另外,虽然两个[SiO$_4$]四面体可以共角顶相联结,但两个[AlO$_4$]四面体是不能相联结的,因为[AlO$_4$]四面体相联结时结构是不稳定的,在晶体结构中是不允许存在的,这也称为"铝回避原理"。因此,在硅氧骨干中铝离子与硅离子数量比为 Al/Si≤1,且在不同的硅氧骨干中[AlO$_4$]四面体存在情况变化如表3-2所示。

表3-2 不同硅氧骨干中[AlO$_4$]四面体存在情况

硅氧骨干	岛状	环状	链状	层状	架状
[AlO$_4$]四面体存在情况	难以存在	可以存在,但[AlO$_4$]四面体与[SiO$_4$]四面体数量比 Al/Si<1			必须存在,且[AlO$_4$]四面体与[SiO$_4$]四面体数量比可以达到最大值1

下面介绍常见的、在地壳上含量多的几种硅酸盐矿物。

一、长石

自然界产出的长石大多是由钾长石 KAlSi$_3$O$_8$(简称 Or)、钠长石 NaAlSi$_3$O$_8$(Ab)和钙长石 CaAl$_2$Si$_2$O$_8$(An)这3种长石端元分子组合而成的固溶体(类质同象混晶),其成分可以用端元分子的百分数来表示。3种长石分子彼此的混溶性存在一定的范围,见图3-7。钾长石和钠长石在高温条件下形成完全的类质同象系列(称为碱性长石),温度降低时则混溶性逐渐减小,导致出溶条纹形成,即形成条纹长石;一般认为钠长石和钙长石能在任何温度条件下形成完全类质同象系列,该系列称斜长石,但钠长石和钙长石在某些成分区域也会显微出溶(即出溶条纹肉眼看不见)。

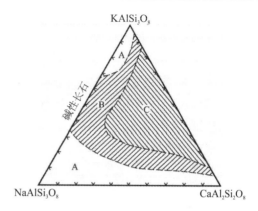

图3-7 Or-Ab-An系列混溶性
(据Vogt,Makimen,引自潘兆橹,1993,编者修订)
A区:在任何温度下混溶(其中$NaAlSi_3O_8-CaAl_2Si_2O_8$系列的某些区域会显微出溶);B区:仅在高温下混溶,温度下降出溶时为条纹长石;C区:在任何温度都不混溶。各区界线还会随着温压条件而变化

长石的晶体结构为架状硅氧骨干,但骨干内[SiO_4]四面体中必有部分$Al^{3+} \to Si^{4+}$,由此产生多余的负电荷与骨干外其他阳离子结合,因为负电荷较低,且骨干外空洞比较大,所以骨干外都是一些低电价、大半径的阳离子:K^+、Na^+、Ca^{2+}等。

由于有$Al^{3+} \to Si^{4+}$,导致长石晶体结构中的一个重要现象:有序—无序。长石的有序—无序是指:四面体中$Al^{3+} \to Si^{4+}$占位是有序还是无序,有序—无序程度直接影响着晶体的对称,同时也直接与长石的形成温度有关。高温形成无序长石,为单斜晶系,低温形成有序长石,为三斜晶系。晶体结构由无序到有序的程度称有序度,因为有序化而使晶体的对称由单斜晶系变为三斜晶系的程度称为三斜度。长石的有序化过程通常分两步进行,第一步是有序度增加但三斜度仍为零,称单斜有序化;第二步是有序度进一步增大,三斜度也逐渐增大,称三斜有序化。高温无序长石的有序度为零,三斜度也为零;中温长石的有序度大于零但三斜度可以保持为零;低温有序长石的有序度和三斜度都大于零。有序度和三斜度最大为1。

以下介绍长石中不同成分、不同有序态的几个长石种。

1. 透长石(Sanidine)、正长石(Orthoclase)、微斜长石(Microcline)

【化学组成】以上3种长石的成分都是$K[AlSi_3O_8]$,简称钾长石(Or),但组成成分中均含有一定数量的Ab分子和5%~10%的An分子。

【晶体结构】它们的晶体结构是一样的,为架状硅氧骨干,区别仅在于有序度、三斜度不同,即透长石为高温无序态,有序度接近于零,三斜度为零;正长石为部分有序态,有序度大于零,三斜度为零;微斜长石为低温有序态,有序度及三斜度都大于零。透长石 $a_0=0.860$nm,$b_0=1.303$nm,$c_0=0.718$nm,$\beta=116°$;正长石 $a_0=0.856$nm,$b_0=1.300$nm,$c_0=0.719$nm,$\beta=116°$;微斜长石 $a_0=0.854$nm,$b_0=1.297$nm,$c_0=0.722$nm,$\alpha=90°39'$,$\beta=115°56'$,$\gamma=87°39'$。

【形态】呈板状、柱状。另外,透长石和正长石常见卡斯巴双晶(参见附录一"矿物知识图片"图Ⅰ-20、图Ⅰ-21),在手标本中可以见到矿物颗粒的解理面或断面上有反光程度不同的两个部分(参见附录一"矿物知识图片"图Ⅰ-22),微斜长石的双晶则较复杂,除常见卡斯巴律外,微斜长石通常都有格子双晶(在正交偏光显微镜下可见明暗相间的条带组成的格子)。

【物理性质】透长石无色透明,正长石、微斜长石常呈肉红色、浅黄色或灰白色;玻璃光泽;透明度很高,类似玻璃。两组近于垂直的解理完全;硬度 6~6.5。相对密度 2.55~2.63。

根据形态、物性差异还可分为以下几个变种。

冰长石:钾长石在低温条件下形成的无色透明、形态扁状[图3-8(d)]的长石变种。

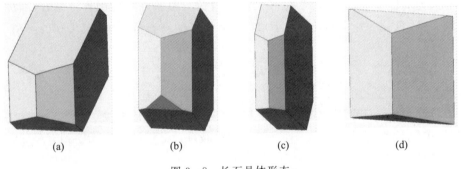

图3-8 长石晶体形态

天河石:钾长石绿色变种。关于天河石的颜色问题,有人认为是含 Rb 引起的,有人归之于含 Fe,也有人认为是含 Pb,更有人以晶格缺陷致色作解释。

条纹长石:因温度下降使 K—Na 长石固溶体出溶而形成的钾长石与钠长石片嵌晶,即构成条纹结构。

月光石:如果条纹长石中的钾、钠长石两相形成显微层片状结构,则会产生漂亮的"浮光"效应,叫月光石。

另外,在伟晶岩中可以见到富有特征的一种结构,称为文象结构(graphic structure),它是由石英和微斜长石(或正长石)所组成的规则连生体。从断面上可见到它宛如古代的象形文字,故称为文象结构(图3-9)。它是由残余熔体中长石

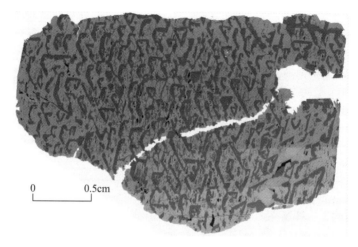

图 3-9 文象结构

(电子显微镜下照片,灰色为长石,黑色为石英,徐海军提供)

与石英同时结晶形成的。

【成因及产状】透长石是中酸性火山岩的主要造岩矿物之一,粗面岩中尤为常见。正长石和微斜长石是中酸性和碱性火成岩中的主要浅色造岩矿物,正长石多产出于浅成岩(火山岩或斑状岩石),微斜长石多产出于伟晶岩、花岗岩、闪长岩。在变质岩中,深变质岩里以正长石为主;浅变质带中,以微斜长石居多。沉积岩里所含的长石碎屑,取决于原岩的长石种别。自生作用过程中可以形成微斜长石和冰长石。热液蚀变过程中的钾长石化,常见于高温石英脉的两侧,如我国南岭地区许多黑钨矿石英脉旁所见,多为微斜长石。

【鉴定特征】在手标本上通常以透明无色或肉红色、具有完好的两组正交或近于正交的解理加以识别。至于钾长石中各个种的识别,可利用双晶和产状加以区别,但比较可靠的鉴定要利用 X 射线、光性资料、测有序度等区别。

钾长石与斜长石的区别见表 3-3。

【主要用途】可应用于玻璃与陶瓷工业。

2. 斜长石(Plagioclase)

【化学组成】由钠长石(Ab)和钙长石(An)两个端元组分组成的类质同象系列,即 $NaAlSi_3O_8 - CaAl_2Si_2O_8$,但斜长石的组成中经常有 Or 存在。一般来说,含 An 越高的斜长石,含 Or 分子越少,常不超过 5%。通常将斜长石划分成酸性、中性及基性 3 类,其间界限大体上在 An_{30} 及 An_{50} 两点。An 小于 30 者为酸性斜长石,大于 50 者为基性斜长石,介乎其间者为中性斜长石。

表 3-3　钾长石和斜长石肉眼鉴定特征

矿物	钾长石	斜长石
肉眼观察	1. 晶面或解理面上通常无密集的聚片双晶纹,但有时可见反光程度不同的两个部分(卡斯巴双晶的两个单体) 2. 颜色为肉红色或白色 3. 产于浅色岩(花岗岩、正长岩等)中,常与石英、黑云母等共生	1. 晶面或解理面上常见密集的聚片双晶纹 2. 颜色为白色、灰色 3. 多产于深色岩(辉长岩、橄榄岩等)中,常与普通辉石、橄榄石等共生

【晶体结构】三斜晶系。钠长石 $a_0=0.814$ nm, $b_0=1.279$ nm, $c_0=0.715$ nm; $\alpha=94°13′$, $\beta=116°31′$, $\gamma=87°42′$；钙长石： $a_0=0.818$ nm, $b_0=1.288$ nm, $c_0=1.417$ nm; $\alpha=93°10′$, $\beta=115°51′$, $\gamma=91°13′$。

【形态】呈板状、柱状。斜长石的双晶多种多样,最常见的是聚片双晶。除少数自生作用下形成的钠长石外,不出现聚片双晶的斜长石是极其罕见的。这种聚片双晶,每个单体都很薄,一般以微米计,发育良好时,可以在解理面上看到其双晶纹(参见附录一"矿物知识图片"图Ⅰ-23),一般情况下要通过偏光显微镜才能看见。卡斯巴律也颇普遍。

【物理性质】白色或灰白色,如出现其他色调时,往往是由杂质引起的;玻璃光泽。两组近于垂直的解理完全;硬度 6~6.5。相对密度 2.61~2.76。斜长石的许多物理性质如相对密度、折光率等都是随着成分的有规律变化而变化的,如含 Ab 高者相对密度小,含 An 分子越多,则相对密度越大。

此外,根据形态、结构及物性等差异还有以下几个变种。

歪长石:富 Ab 端元的高温产物,仅见于中酸性和碱性火山岩中,作为斑晶或基质产出,在镜下可见到极细致的格子双晶。

叶钠长石:呈叶片状的钠长石,叶片相互平行,形成于高温条件下(参见附录一"矿物知识图片"图Ⅱ-8)。

拉长石:由于聚片双晶结构使光发生干涉而产生彩虹效应的斜长石。

日光石:由于含有分布均匀、定向排列的微细包裹体(赤铁矿、针铁矿、绿云母等)而产生闪光的斜长石。

【成因及产状】斜长石是分布很广的造岩矿物。随着火成岩类型的不同,斜长石也不同,酸性斜长石产于酸性、碱性岩中,中性斜长石产于中性岩中,基性斜长石产于基性、超基性岩中。伟晶岩中仅见有钠长石或奥长石。只有少数基性伟晶岩中才见到有粒径粗大的中基性斜长石。区域变质作用过程中所形成的斜长石,其

An含量将随变质作用的加深而增高。接触变质条件下所形成者,情况与此相似。热液蚀变过程中所谓的钠长石化作用,便是形成钠长石或奥长石的过程。沉积岩中可以有钠长石作为自生矿物。碎屑岩中也可以有斜长石存在,但是远不及碱性长石普遍。

【鉴定特征】斜长石中各种的区别可以根据所属岩石类型及产状大致区分出酸性、中性和基性斜长石,但精确可靠的鉴定,一般要靠光性、X射线的测试结果。斜长石与钾长石肉眼的区别见表3-3。

【主要用途】可应用于玻璃与陶瓷制造工业。

二、石英

成分为SiO_2的矿物有一系列的同质多象变体:α-石英、β-石英、α-鳞石英、β-鳞石英、α-方石英、β-方石英、柯石英、斯石英、凯石英(合成矿物)等。其中,α表示低温变体,β表示高温变体。柯石英、斯石英为高压矿物,凯石英是高温合成矿物,在自然界还没有见到。在这些变体中,Si-O都是四面体配位,只有在斯石英中Si-O为八面体配位。最常见的是α-石英,通常所说的石英,便是指α-石英。

1. α-石英(α-quartz,简称石英)

【化学组成】SiO_2。化学成分较纯,但常含不同数量的气态、液态和固态物质的机械混入物。

【晶体结构】三方晶系,$a_0=0.491$nm,$c_0=0.541$nm。为架状硅氧骨干,骨干外没有其他阳离子。严格地从化合物类型来说,石英属于氧化物类矿物。

【形态】常见完好的晶形,由六方柱和其上下端的锥面(菱面体晶面)组成。石英的对称性质决定了它有左形晶与右形晶(图3-10),柱面角顶上的小晶面在左边为左形,在右边则为右形。柱面上常具横纹,为聚形纹(参见附录一"矿物知识图片"图Ⅰ-1)。石英的双晶也很常见(图3-11)。

石英的道芬双晶和巴西双晶,从外形上看,与单晶体极为类似。道芬双晶是由两个右形晶或两个左形晶组成的贯穿双晶(即两个单体相互穿插在一起形成的双晶);巴西双晶是由一个左形晶和一个右形晶组成的贯穿双晶,这些双晶可依据柱面左边或右边角顶上的小晶面分布来确定。因为在单晶上这些小晶面是绕柱体中心轴每隔120°出现一次的(图3-10),如果每隔60°就出现一次,则一定是道芬双晶[图3-11(a)],若这些小晶面成左右反映关系对称分布,则说明它是由一个左形晶与一个右形晶贯穿而成,应为巴西双晶[图3-11(b)]。另外,双晶的缝合线在道芬双晶上一般是曲线,而在巴西双晶上一般是折线,如果将石英晶体垂直它的柱体切开,把断面磨光,并用氢氟酸腐蚀,擦干后观察断面上反光,如有双晶存在,

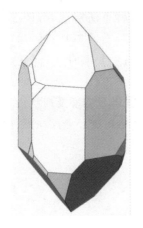
(a) 左形晶体

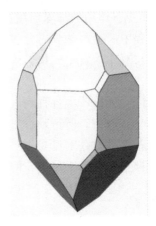
(b) 右形晶体

图 3-10　石英的晶体

(a) 石英的道芬双晶

(b) 石英的巴西双晶

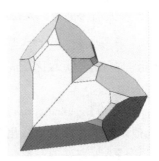
(c) 石英的日本双晶

图 3-11　石英的双晶

即可看到蚀象的双晶花纹,道芬双晶的蚀象花纹一般呈弯曲的岛屿状,而巴西双晶则为复杂的折线图案(图 3-12)。

石英的双晶直接影响石英的用途,道芬双晶两个个体的偏光面旋转方向是相同的,或是左旋或右旋,因此仍可用作光学材料,但在压电材料上是无用的;巴西双晶既不能用作压电材料,又不能用作光学材料。

集合体呈晶簇状、粒状、块状。隐晶质集合体呈壳状、肾状、鲕状、球状时称石髓或玉髓,具同心带状的石髓或玉髓称为玛瑙。

【物理性质】颜色多种多样,常为无色、乳白色、灰色。因含各种杂质,颜色各异,如:无色透明称水晶;紫色称紫水晶;浅玫瑰色称蔷薇石英;烟色或褐色称烟水

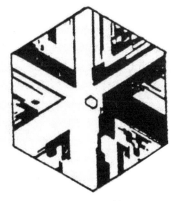

(a) 道芬双晶　　　　　　　　(b) 巴西双晶

图 3-12　石英横截面上的蚀象花纹

（据 Leyodlt,1855;引自潘兆橹,1993）

晶,颜色进一步加深就成了墨晶;金黄色或柠檬黄色称黄水晶;乳白色称乳石英。由于石英交代纤维石棉,具丝绢光泽,则称猫眼石;呈红、黄褐、绿色不透明的致密块体称碧玉;玻璃光泽;断口油脂光泽。无解理,贝壳状断口(参见附录一"矿物知识图片"图Ⅲ-6);硬度7。相对密度 2.65。具压电性。

【成因及产状】石英在自然界分布极广,是许多火成岩、沉积岩和变质岩的主要造岩矿物。石英又是花岗伟晶岩脉和大多数热液脉的主要矿物成分。在伟晶脉晶洞和变质岩系中的石英脉内,石英则是天然压电水晶的重要来源。烟水晶只能在较高的温度下形成,紫水晶形成于相当低的温度和压力条件下,蔷薇石英总是呈块状产于伟晶岩脉的核心部位,玛瑙为低温热液的胶体成因产物,主要产于喷出岩的孔洞中。

【鉴定特征】石英以其晶形、无解理、贝壳状断口、硬度大为特征。

【主要用途】用途很广。晶体中没有任何包裹体、无双晶或裂缝的部分用作压电材料,用于制作石英谐振器(如石英手表)。此外,水晶还是重要的光学材料,它对光谱的红外和紫外部分也有良好的透明性,用以制作光谱棱镜、透镜及其他光学材料装置。玛瑙、紫水晶、蔷薇石英等可作宝玉石材料。色泽差的玛瑙和石髓用于制作研磨器具。较纯净的一般石英则大量用作玻璃原料、研磨材料、硅质耐火材料及瓷器配料。

2. β-石英(β-quartz,也称高温石英)

【化学组成】SiO_2。β-石英与 α-石英的转变温度为 573℃。现在看到的 β-石英大多已转变成 α-石英,但仍保留着 β-石英的六方双锥形态(称副象)。

【晶体结构】六方晶系，$a_0=0.502$nm，$c_0=0.548$nm。其结构是由 α-石英结构中[SiO_4]四面体位移后使结构中的复三方环变为六方环而得。

【形态】发育六方双锥，有时可见很小的六方柱晶面。

【物理性质】β-石英通常呈灰白色、乳白色；玻璃光泽，断口油脂光泽。无解理；硬度6.5～7。相对密度2.53。在常温常压下均转变为 α-石英。

【成因及产状】酸性喷出岩中呈斑晶产出，或见于晶洞中，为直接结晶产物，多已转变为 α-石英，但依 β-石英成副象。

3. 蛋白石（Opal）

【化学组成】$SiO_2 \cdot nH_2O$。H_2O 通常为 $4\%\sim9\%$，最高可达 20%，Al_2O_3 可达 9%，Fe_2O_3 可达 3%，有时 Mn 可达 10%，有机质可达 $3\%\sim9\%$，并含其他杂质。

【晶体结构】蛋白石是一种非晶质矿物，是由 SiO_2 胶体沉淀形成。根据近年的扫描电子显微镜和X射线研究发现，有些蛋白石内部具有方石英雏晶的显微结晶质结构，存在大量的水分子。并且证明了贵蛋白石具有一种由 SiO_2 小球呈六方最紧密堆积的结构，该结构对可见光的衍射造成了贵蛋白石的变彩现象（图3-13）。这种对可见光的衍射类似于晶体结构对X射线的衍射。

图3-13　贵蛋白石中 SiO_2 小球的最紧密堆积
（据 Darragh，Gaskin，Sanders，1976；引自潘兆橹，1993）

【形态】通常呈肉冻状、葡萄状、钟乳状、皮壳状等。

【物理性质】颜色不定，通常呈蛋白色，因含各种杂质而呈不同颜色；一般为微透明；玻璃光泽或蛋白光泽。无色透明者称玻璃蛋白石，半透明而具强烈的橙、红等反射色者称火蛋白石，半透明带乳光变彩的蛋白石称贵蛋白石。由于其内部存在着前述的结构特征，导致对可见光的衍射而呈红、橙、绿、蓝等瑰丽的变彩。硬度

5～5.5。相对密度视含水量和吸附物质的多少介于1.9～2.3之间。

【成因及产状】蛋白石可以从温泉、浅成热液或地面水的硅质溶液中生成。

【鉴定特征】以蛋白光泽和变彩为鉴定特征,有时类似于石髓,但硬度较低。

【主要用途】优质者俗称"欧泊",可作为宝玉石材料,如贵蛋白石、火蛋白石等可作名贵雕刻品材料。

三、云母

云母的晶体结构都为层状硅氧骨干,其结构形式为两层$[SiO_4]$四面体中间加一层八面体,形象地描述为TOT型,其中T代表四面体层,O代表八面体层,八面体中心阳离子为Al、Fe、Mg等。TOT三层为一个结构单元层,结构单元层与结构单元层之间为层间域,见图3-14。由于T层中有Al→Si,结构单元层内电荷未平衡,因此,层间域中有大阳离子K、Na等。

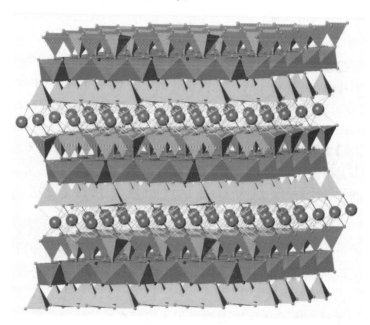

图3-14 云母层状结构

1. 白云母(Muscovite)

【化学组成】$K\{Al_2[AlSi_3O_{10}](OH)_2\}$。其中方括号内为$[SiO_4]$四面体层(即硅氧骨干),大括号内为结构单元层(即TOT)。类质同象代替较广泛,常见混入物有Ba、Na、Rb、Fe^{3+}、Cr等;绢云母系指细小鳞片状的白云母;当Si∶Al>3∶1时,称多硅白云母。

【晶体结构】单斜晶系；$a_0 = 0.519$nm，$b_0 = 0.900$nm，$c_0 = 2.010$nm；$\beta = 95°11'$。层状硅氧骨干，TOT 型。

【形态】片状、鳞片状，偶尔可见柱状。

【物理性质】颜色从无色到浅彩色多变；玻璃光泽、珍珠光泽。一组极完全解理，解理片有弹性；硬度 2～3。相对密度 2.7～3.1。

【成因及产状】主要出现于酸性岩浆岩——白云母花岗岩、二云母花岗岩及其伟晶岩中。产于花岗伟晶岩中的白云母，常形成具有较大工业价值的晶体。此外，还常出现在云英岩、变质片岩及片麻岩中。热液变质岩中，绢云母化作用很普遍，形成绢云母。在强烈的风化条件下，白云母可转变为高岭石。

【主要用途】白云母绝缘性能极好，耐热性良好，化学性能稳定，有抗各种射线辐射的性能，并有良好的防水防潮性。因此，白云母主要用于电器工业、电子工业和航空航天等尖端科技领域。

2. 黑云母(Biotite)-金云母(Phlogopite)

【化学组成】黑云母 $K\{(Mg,Fe)_3[AlSi_3O_{10}](OH)_2\}$-金云母 $K\{Mg_3[AlSi_3O_{10}](OH)_2\}$，它们构成一个 Mg—Fe 间的完全类质同象系列，当 Mg：Fe＜2：1 时为黑云母，当 Mg：Fe＞2：1 时为金云母。代替 K 的有 Na、Ca、Rb、Cs、Ba，代替 Mg、Fe 的有 Al、Fe^{3+}、Ti、Mn、Li，F、Cl 可以代替 OH。

【晶体结构】单斜晶系；$a_0=0.53$nm，$b_0=0.92$nm，$c_0=1.02$nm；$\beta=100°$。层状硅氧骨干，TOT 型。

【形态、物理性质】与白云母相近，但黑云母在颜色上以黑、深褐色为主；金云母以棕色、浅黄色为主。

【成因及产状】黑云母的产状比其他云母矿物更为多样，如接触变质，区域变质，基、中、酸、碱性侵入岩及伟晶岩等均有产出。黑云母受热液的作用可蚀变为绿泥石、白云母和绢云母等其他矿物。在风化作用下，黑云母较其他云母易于分解变为水黑云母、蛭石、高岭石。

金云母以接触交代成因为主，是酸性侵入体与富镁贫硅的碳酸盐围岩发生接触交代反应的产物，与透辉石、镁橄榄石、尖晶石等共生。在某些伟晶岩、超基性岩中亦有产出。

【主要用途】黑云母因含铁，绝缘性能远不如白云母，不利于电气工业利用。但黑云母细片常用作建筑材料充填物，如云母沥青毡。金云母的很多物性与白云母相似，因此金云母的用途与白云母相当，但质量低于白云母。

四、辉石

辉石晶体结构为单链状硅氧骨干，$[SiO_4]$四面体共角顶相联结形成沿一维方向无限延伸的链。硅氧骨干中的 Si 常被少量的 Al 所替代，Al 代替 Si 的量小于 1/3。一般均为平行链状骨干的柱状、针状晶形；发育两组平行链方向的解理，解理夹角为 87°；玻璃光泽，含 Ca、Mg 的颜色浅，含 Fe、Mn 的颜色深。

1. 顽火辉石（Enstatite）

【化学组成】为完全类质同象系列 $Mg_2[Si_2O_6]$（顽火辉石）- $Fe_2[Si_2O_6]$（斜方铁辉石）中靠近富 Mg 的端元：$(Mg_{1.00-0.90}, Fe_{0.00-0.10})_2[Si_2O_6]$，成分中含 Al、Ca、Ti、Mn 等。

【晶体结构】斜方晶系。$a_0 = 1.822 \sim 1.824 nm, b_0 = 0.882 \sim 0.884 nm, c_0 = 0.517 \sim 0.519 nm$。单链状硅氧骨干。

【形态】晶体常呈短柱状。

【物理性质】尤色、黄色至灰褐色；条痕无色；玻璃光泽。两组解理完全，夹角 87°；硬度 5～6。相对密度 3.209～3.3。

【成因及产状】为橄榄岩中常见矿物。在玄武岩中富橄榄石包体中及金伯利岩的超基性岩包体中也较常见。此外，在变质岩中为超基性变粒岩的典型矿物。

【鉴定特征】根据颜色、解理及产状鉴定。进一步需做 X 射线等测试。

【主要用途】仅具矿物学和岩石学意义。

2. 紫苏辉石（Hypersthene）

【化学组成】为完全类质同象系列 $Mg_2[Si_2O_6]$（顽火辉石）- $Fe_2[Si_2O_6]$（斜方铁辉石）中偏富 Mg 的端元：$(Mg_{0.7-0.5}, Fe_{0.3-0.5})_2[Si_2O_6]$。成分中有 Al、Ti、Mn、$Fe^{3+}$ 等，还见磁铁矿、磷灰石等包体。

【晶体结构】斜方晶系。$a_0 = 1.824 \sim 1.839 nm, b_0 = 0.884 \sim 0.905 nm, c_0 = 0.519 \sim 0.523 nm$。单链状硅氧骨干。

【形态】晶体常呈柱状。

【物理性质】灰绿色、灰褐色；条痕无色至浅绿、浅灰色；玻璃光泽。两组解理完全，夹角 87°；硬度 5～6。相对密度 3.3～3.87。

【成因及产状】在岩浆岩里，紫苏辉石主要产于基性-超基性岩中；在变质岩中，紫苏辉石主要产于角闪岩、变粒岩、片麻岩、麻粒岩中。

【鉴定特征】根据颜色、解理及产状鉴定。进一步需做 X 射线等测试。

【主要用途】仅具矿物学和岩石学意义。

3. 透辉石（Diopside）

【化学组成】为完全类质同象系列 $CaMg[Si_2O_6]$（透辉石）- $CaFe[Si_2O_6]$（钙铁辉石）中偏富 Mg 的端元：$(Mg_{1.00-0.75},Fe_{0.00-0.25})_2[Si_2O_6]$。成分中有 Na、Al、Cr、Ti、Ni、Mn、Zn、Fe^{3+} 等类质同象替代物和磁铁矿、钛铁矿等机械混入物，成分复杂，可形成许多变种，其中主要的有含 Cr 较多的称为铬透辉石或铬次透辉石，为金伯利岩的特征矿物之一。

【晶体结构】单斜晶系。$a_0=0.980$ nm，$b_0=0.890$ nm，$c_0=0.525$ nm；$\beta=105°38'\sim104°44'$。单链状硅氧骨干。

【形态】常呈柱状晶体。晶体横断面呈正方形或正八边形。

【物理性质】白色、灰绿、绿至褐绿、暗绿色、黑色；条痕无色至深绿。两组解理完全，解理夹角 87°；硬度 5.5~6。相对密度 3.22~3.56。该系列矿物的物性变化与成分具有明显依赖关系，颜色随着 Mg 被 Fe^{2+} 代替量的增大，由无色逐渐变为暗绿；相对密度亦随 Fe^{2+} 量的增大而增大。

【成因及产状】在基性和超基性岩中，透辉石和次透辉石（$Mg_{0.75-0.5}$，$Fe_{0.25-0.5})_2[Si_2O_6]$是主要矿物，其中铬透辉石是金伯利岩中的特征矿物。透辉石-钙铁辉石也是构成接触交代矽卡岩的特征矿物，其中靠近富镁端元的产于镁矽卡岩中，靠近富铁端元的产于钙矽卡岩中。在区域变质的 Ca 质和 Mg 质的片岩以及高级角闪岩相中也广泛出现。透辉石亦是硅质白云岩热变质的产物。

【鉴定特征】透辉石以浅的颜色、针状集合体晶形，钙铁辉石以暗绿至黑绿的颜色、柱状集合体形态为特征。

【主要用途】透辉石可用于陶瓷工业。

4. 普通辉石（Augite）

【化学组成】$Ca(Mg,Fe,Ti,Al)[(Si,Al)_2O_6]$。在普通辉石中 Al 代 Si 数量稍多，有人认为 Al 代 Si 可达 1/8~1/2。此外，还存在 Ti^{4+} 和 Fe^{3+} 代替 Si。

【晶体结构】单斜晶系。$a_0=0.970\sim0.982$ nm，$b_0=0.889\sim0.903$ nm，$c_0=0.524\sim0.525$ nm；$\beta=105°\sim107°$。单链状硅氧骨干。

【形态】短柱状晶体（图 3-15）。横断面呈八边形。

【物理性质】灰褐、褐、绿黑色；条痕无色至浅褐色。两组解理完全，夹角 87°；硬度 5.5~6。相对密度 3.23~3.52。

【成因及产状】常见于各种基性侵入岩、喷出岩及凝灰岩中，并且可见到很好的晶体。在变质岩和接触交代岩中亦常见到。普通辉石常蚀变为绿帘石、绿泥石等矿物。

【鉴定特征】以绿黑色、短柱状晶形及解理等为特征。

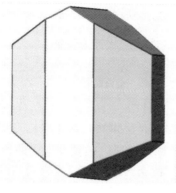
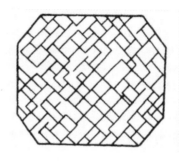

(a) 晶体形态　　　　　　(b) 晶体横断面上的解理纹

图 3-15　普通辉石晶体及横断面

【主要用途】仅具矿物学和岩石学意义。

5. 硬玉（Jadeite）

【化学组成】$NaAl[Si_2O_6]$。一般较纯。

【晶体结构】单斜晶系。$a_0=0.945nm$，$b_0=0.856nm$，$c_0=0.522nm$；$\beta=107°58'$。单链状硅氧骨干。

【形态】自形晶体较少见，具两种不同习性的晶体，一种呈柱状，另一种呈板状。最常出现的是粒状或纤维状集合体。

【物理性质】无色、白色、浅绿或苹果绿色；玻璃光泽。两组解理完全，解理夹角87°；断口不平坦，呈刺状；硬度6.5。相对密度3.24～3.43。坚韧。

【成因及产状】主要产于碱性变质岩中，是一种典型的变质矿物。

【鉴定特征】致密块状、高硬度和极坚韧，见于碱性变质岩中。

【主要用途】硬玉的细粒状或纤维交织状集合体并掺有一些长石类、辉石类矿物，组成一种品质极佳的玉石，叫翡翠（jadeite），翡翠的颜色是决定其价值的关键，若为祖母绿和苹果绿，其价值高得惊人，但若为浅绿、黄绿等，价值下降几百倍。

6. 霓石（Aegirine）

【化学组成】$NaFe^{3+}[Si_2O_6]$。通常有$NaFe^{3+}\to Ca(Mg,Fe^{2+})$代替，从而形成霓辉石，可将霓辉石看成是霓石与普通辉石的中间产物。

【晶体结构】单斜晶系。纯霓石$a_0=0.966nm$，$b_0=0.878nm$，$c_0=0.529nm$；$\beta=107°42'$。单链状硅氧骨干。

【形态】晶体常呈针状、柱状。

【物理性质】暗绿色；条痕无色；玻璃光泽。两组解理完全，夹角87°；硬度6。

相对密度 3.55～3.60。

【成因及产状】是碱性岩浆岩的主要造岩矿物。

【鉴定特征】以绿色、长柱状晶形、解理及碱性岩产状等为特征。

【主要用途】仅具矿物学和岩石学意义。

五、角闪石

角闪石晶体结构为双链状硅氧骨干，$[SiO_4]$ 四面体共角顶相联结形成沿一维方向无限延伸的双链，相当于两个辉石单链相联结而成。硅氧骨干中的 Si 也常被少量的 Al 所替代。一般均为平行链状骨干的柱状、针状晶形；发育两组平行链方向的解理，解理夹角为 56°（或 124°），这是肉眼区分辉石与角闪石的非常重要的依据之一；玻璃光泽，含 Ca、Mg 的颜色浅，含 Fe、Mn 的颜色深。

1. 透闪石（Tremolite）-阳起石（Actinolite）

【化学组成】在透闪石-阳起石中，Mg、Fe 是完全类质同象替代系列：$Ca_2Mg_5[Si_4O_{11}]_2(OH)_2 - Ca_2(Mg,Fe^{2+})_5[Si_4O_{11}]_2(OH)_2$，按照成分中端元组分的含量把这个系列分成几个矿物种：含 $Ca_2Fe_5[Si_4O_{11}]_2(OH)_2$ 分子在 0～20% 之间者定为透闪石；其含量在 80% 以上者定为铁阳起石；其含量在 20%～80% 之间者定为阳起石。成分中可有少量的 Na、K、Mn 代替 Ca，F、Cl 代替 (OH)。

【晶体结构】单斜晶系。晶胞参数随成分中含 Fe 量增加而增加。透闪石晶胞参数为：$a_0=0.984nm$，$b_0=1.805nm$，$c_0=0.528nm$；$\beta=104°22'$。阳起石晶胞参数稍大：$a_0=0.989nm$，$b_0=1.814nm$，$c_0=0.531nm$；$\beta=105°48'$。为双链硅氧骨干。

【形态】晶体细柱状。集合体常呈放射状、纤维状。有时可见致密隐晶的浅色块体。阳起石形态上以放射状集合体为特征。

【物理性质】透闪石为白色或灰色，阳起石为深浅不同的绿色。两组解理完全，解理夹角 56°；硬度 5～6。相对密度 3.02～3.44，随铁含量增加而增高。

【成因及产状】接触变质矿物，经常发育于石灰岩、白云岩与火成岩的接触带中。也产于结晶片岩及区域变质的泥质大理岩中。

【鉴定特征】颜色、形态及解理。

【主要用途】纤维发育好的可作石棉应用于工业领域。此外，透闪石或阳起石的致密坚韧并具刺状断口的隐晶质块体称为软玉（Nephrite），可作为玉石材料，用于雕刻工艺品。

2. 普通角闪石（Hornblende）

【化学组成】$Ca_2Na(Mg,Fe)_4(Al,Fe^{3+})[(Si,Al)_4O_{11}]_2(OH)_2$。成分较其他角闪石复杂，类质同象种类多。普通角闪石的成分也可看成是透闪石-阳起石系列引伸出来的,即部分 Si 被 Al 替换的同时,相应地部分 Mg 为 Al 和 Fe^{3+} 替换,并有 Na^+ 的加入。

【晶体结构】单斜晶系。$a_0=0.979nm$,$b_0=1.790nm$,$c_0=0.528nm$;$\beta=105°31'$。为双链状硅氧骨干。

【形态】常呈柱状晶体,横断面呈假六边形(图 3-16)。常成细柱状、纤维状集合体。

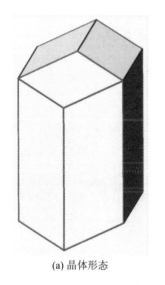
(a) 晶体形态

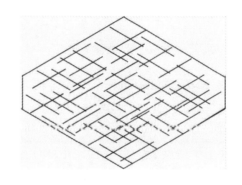
(b) 晶体横断面上的解理纹

图 3-16 普通角闪石晶体及横断面

【物理性质】深绿色到黑绿色;条痕浅绿色或白色;玻璃光泽。两组解理完全,夹角为 56°;硬度 5~6。相对密度 3.1~3.3。

【成因及产状】与岩浆作用密切相关,是各种中、酸性侵入岩的主要组成矿物。在基性喷出岩中所见到的富含 Fe_2O_3 和 TiO_2 的普通角闪石变种,称为玄武角闪石。在区域变质作用产物中,是角闪岩、角闪片岩、角闪片麻岩的主要组成部分。

【鉴定特征】以颜色、柱状晶形、两组完全柱状解理为特征。与普通辉石的区别主要是角闪石解理夹角为 56°,断面为菱形或近菱形。

【主要用途】纤维发育好的可作石棉。

3. 蓝闪石(Glaucophane)

【化学组成】$Na_2Mg_3Al_2[Si_4O_{11}]_2(OH)_2$。是碱性角闪石的一种,其特点是富 Na^+。蓝闪石的成分变化与变质原岩密切相关。

【晶体结构】单斜晶系。$a_0=0.954nm$,$b_0=1.774nm$,$c_0=0.529nm$;$\beta=$

103°40′。为双链状硅氧骨干。

【形态】单晶体少见。集合体常呈放射状、纤维状。

【物理性质】灰蓝、深蓝至蓝黑色;条痕蓝灰色;玻璃光泽。两组解理完全,夹角为56°;硬度6~6.5。相对密度3.1~3.2。

【成因及产状】变质成因矿物。是蓝闪石片岩、云母片岩等的特征矿物。蓝闪石是低温高压变质带的特征矿物,也是"板块构造"俯冲带靠大洋一侧低温高压变质带的特征矿物。

【鉴定特征】放射状形态,灰蓝—暗蓝色,产于结晶片岩中。

【主要用途】纤维发育好的可作石棉。

六、其他常见硅酸盐矿物

1. 橄榄石(Olivine)

【化学组成】$(Mg, Fe)_2[SiO_4]$。成分中除Mg、Fe呈完全类质同象系列外,还有Fe^{3+}、Mn、Ca、Al、Ti、Ni等次要类质同象代替。

【晶体结构】斜方晶系。其中镁橄榄石$Mg_2[SiO_4]$:$a_0=0.475nm$,$b_0=1.020nm$,$c_0=0.598nm$;铁橄榄石$Fe_2[SiO_4]$:$a_0=0.482nm$,$b_0=1.048nm$,$c_0=0.609nm$。为岛状硅氧骨干。

【形态】晶体呈柱状或厚板状,但完好晶形者少见,一般呈不规则他形晶粒状集合体。

【物理性质】镁橄榄石为白色、淡黄色或淡绿色,随成分中Fe^{2+}含量的增高颜色加深而呈深黄色至墨绿色或黑色,一般的橄榄石为橄榄绿色;玻璃光泽;透明至半透明。解理不发育;常见贝壳状断口;硬度6.5~7。相对密度随Fe^{2+}含量的增加而增高(3.27~4.37)。

【成因及产状】橄榄石主要产于富Mg贫Si的超基性、基性岩浆岩及矽卡岩、变质岩中。它是地幔岩的主要成分,亦是陨石的主要组成。一般可认为橄榄石是一种SiO_2不饱和矿物,因此产于富Mg贫Si的条件下,且不与石英平衡共生,即:

$$Mg_2[SiO_4] + SiO_2 \longrightarrow Mg_2[Si_2O_6]$$

橄榄石受热液作用和风化作用容易蚀变,常见产物是蛇纹石。野外所见橄榄石多已蛇纹石化,成为残晶或假象。

【鉴定特征】以其特有的橄榄绿色、粒状、解理性差、具贝壳状断口为特征,也可根据产状鉴定。

【主要用途】富镁的橄榄石可作镁质耐火材料;透明、晶粒粗大(8mm以上)者可作宝石原料,如我国张家口碱性玄武岩的深源包体中就有达宝石原料级的橄榄石产出。

2.石榴子石（Garnet）

【化学组成】按成分分为两个系列：$(Mg,Fe,Mn)_3Al_2[SiO_4]_3$ 和 $Ca_3(Al,Fe,Cr,Ti,V,Zr)_2[SiO_4]_3$。阳离子相互间类质同象广泛发育，自然界中纯端元组分的石榴子石很少见，一般都是若干端元的"混合物"。

【晶体结构】等轴晶系。$a_0=1.146\sim1.248nm$。为岛状硅氧骨干。

【形态】常呈完好晶形（图3-17），晶面上可以有聚形纹。有时可见到感应纹（即相邻的另一个石榴子石晶体的聚形纹刻在石榴子石晶面上的印纹）。集合体常为致密粒状或致密块状。

图3-17 石榴子石晶体

【物理性质】颜色多样，它受成分影响，如富Mg、Al的为紫红、血红、橙红、玫瑰红色，富Ca、Cr的为翠绿、暗绿、棕绿等色，但没有严格的规律性；玻璃光泽，断口油脂光泽。无解理；硬度6.5~7.5。相对密度3.5~4.2，一般铁、锰、钛含量增加，相对密度增大。有脆性。

【成因及产状】石榴子石在自然界广泛分布于各种地质作用中，在岩浆岩、变质岩、沉积岩中都可存在。

石榴子石当受后期热液蚀变和遭受强烈的风化作用后，可转变成绿泥石、绢云母、褐铁矿等。镁铝石榴子石只能在压力极高的条件下生成，如在榴辉岩、金伯利岩中，目前已广泛以它们作为标志寻找金刚石。

【鉴定特征】据其等轴状的特征晶形、油脂光泽、缺乏解理及硬度高很易认出。

【主要用途】利用其高硬度作研磨材料。晶粒粗大（>8mm，绿色者可小至3mm），且色泽美丽、透明无瑕者，可作宝石原料。有些激光材料具有石榴子石结构，如钇铝石榴子石 $Y_3Al_2[AlO_4]_3$。

3.红柱石-蓝晶石-矽线石

Al_2SiO_5 有3种同质多象变体，即红柱石 $Al^{VI}Al^V[SiO_4]O$、蓝晶石 $Al^{VI}Al^{VI}$-

[SiO$_4$]O 和矽线石 Al^{VI}[Al^{IV}SiO$_5$](晶体化学式中的罗马数字 IV、V、VI 表示 Al 的配位数,方括号内为硅氧骨干)。从晶体化学式中可以看出,红柱石和蓝晶石都是岛状骨干,矽线石结构中有一半 Al 为四次配位,进入了硅氧骨干,形成了[SiO$_4$]四面体与[AlO$_4$]四面体相间排列而成的四面体双链,为链状骨干。这 3 种矿物中 1/2 的 Al 在配位数上的变化,反映其形成的温压条件。即在一般情况下,蓝晶石产于高压变质带或中压变质带的较低温部分,因高压低温易形成六次配位形式 Al^{VI};红柱石产于低压变质带的较低温部分,因低温低压易于形成罕见的五次配位形式 Al^{V};矽线石产于中压或低压变质带的较高温部分,因低压高温易于形成四次配位形式 Al^{IV}。3 种矿物稳定温压范围见图 3-18。这 3 种矿物属于富铝泥质片岩中重要矿物,它们起着变质岩中相对温度和压力的指示作用。

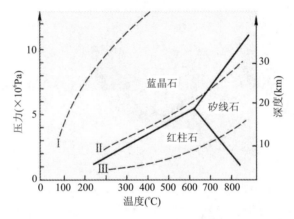

图 3-18 Al$_2$SiO$_5$ 3 种同质多象变体矿物的稳定范围
(引自潘兆橹,1993)
Ⅰ.典型高压变质;Ⅱ.中压变质;Ⅲ.低压变质

下面分别叙述这 3 种矿物。
1)红柱石(Andalusite)
【化学组成】Al^{VI}Al^{V}[SiO$_4$]O。Al 可被 Fe^{3+} 和 Mn 所代替。
【晶体结构】斜方晶系。$a_0=0.778$nm,$b_0=0.792$nm,$c_0=0.557$nm。为岛状硅氧骨干。
【形态】晶体呈柱状,横断面近正四边形(参见附录一"矿物知识图片"图 Ⅳ-6)。有些红柱石呈放射状排列,形似菊花,叫菊花石(图 3-19)。有些红柱石在变质结晶时俘获碳质或黏土矿物,后被溶解后留下空洞,称空晶石。
【物理性质】常为灰色、黄色、褐色、玫瑰色、肉红色或深绿色(含锰的变种),无色者少见;玻璃光泽。解理中等;硬度 6.5~7.5。相对密度 3.15~3.16。

图 3-19 菊花石照片(产于北京西山)

【成因及产状】红柱石主要为变质成因的矿物。在区域变质作用中产于变质温度和压力较低的条件下,一般见于富铝的泥质片岩中;常与堇青石、石英、白云母、石榴子石、十字石、黑云母及一些其他含铝的矿物共生。红柱石亦见于泥质岩石和侵入岩体的接触带,为典型的接触热变质矿物。北京西山菊花沟产的放射状集合体的红柱石(又称菊花石)颇为著名;北京周口店太平山北房山岩体与泥质围岩的接触带上亦见接触变质的红柱石大量产出。

【鉴定特征】常呈灰白色、肉红色,柱状晶形,近于正方形的横截面;空晶石具独特的碳质包裹物。

【主要用途】可制造高级耐火材料。还可作雷达天线罩的原料。可应用于陶瓷工业,增加制品的机械强度和耐急冷急热性能。产菊花石的岩石可作装饰石材。色泽好,且透明、晶粒粗大者可作宝石原料。

2)蓝晶石(Kyanite 或 Disthene)

【化学组成】$Al^{Ⅵ} Al^{Ⅵ} [SiO_4] O$。组分与红柱石同。但蓝晶石可含 Cr^{3+} ($\leqslant 12.8\%$),此外常含有 Fe_2O_3(达 $1\% \sim 2\%$,有时达 7%)及少量 CaO、MgO、FeO、TiO_2 等混入物。

【晶体结构】三斜晶系。$a_0 = 0.710$nm, $b_0 = 0.774$nm, $c_0 = 0.557$nm; $\alpha = 90°06′$, $\beta = 101°02′$, $\gamma = 105°45′$。为岛状硅氧骨干。

【形态】呈偏平的柱状或片状晶形,有时呈放射状集合体。

【物理性质】蓝色、青色或白色,亦有灰色、绿色、黄色、粉红色和黑色者;玻璃光泽,解理面上有珍珠光泽。解理完全,有裂开;硬度随方向不同而异:在柱面上,平行柱体方向的硬度小于垂直柱体方向的硬度,因此也叫二硬石。相对密度 3.53~3.65。性脆。

【成因及产状】蓝晶石为区域变质作用产物,多由泥质岩变质而成,是结晶片岩中典型的变质矿物。在富铝岩石中,在中压区域变质作用下,蓝晶石产于低温部分而矽线石则在高温部分,此外,蓝晶石还产于某些高压变质带。

【鉴定特征】根据其颜色、明显的硬度异向性和主要产于结晶云母片岩中等易于认出。

【主要用途】可制造高级耐火材料及高强度轻质硅铝合金材料。也可以从中提取铝。

3)矽线石(Sillimanite)

【化学组成】$Al^{VI}[Al^{IV}SiO_5]$。成分比较稳定,常有少量的类质同象混入物 Fe^{3+} 代替 Al,有时有微量的 Ti、Ca、Mg 等混入物。

【晶体结构】斜方晶系。$a_0=0.743nm, b_0=0.758nm, c_0=0.574nm$。双链状硅氧骨干。

【形态】晶体呈长柱状或针状。集合体呈放射状或纤维状。有时呈毛发状在石英、长石晶体中作为包裹体存在。

【物理性质】白色、灰色或浅绿、浅褐色等;玻璃光泽。解理完全;硬度 6.5~7.5。相对密度 3.23~3.27。

【成因及产状】变质矿物,在高温接触变质带中的铝质岩中产出。如北京周口店之西北,二叠纪红庙岭砂岩之泥质胶结物经与花岗岩接触热变质后形成矽线石。在区域变质作用中,作为早期形成矿物,矽线石也见于结晶片岩、片麻岩中。

【鉴定特征】棒状、针状晶形,在接触变质带和变质岩中产出。

【主要用途】主要为制造高铝耐火材料和耐酸材料,用于技术陶瓷、内燃机火花塞的绝缘体及飞机、汽车、船舰部件用的硅铝合金。

4. 硅灰石(Wollastonite)

【化学组成】$Ca_3[Si_3O_9]$。常含类质同象混入物 Fe、Mn、Mg 等;当达一定量时,可形成铁硅灰石、锰硅灰石等变种。

【晶体结构】三斜晶系。$a_0=0.794nm, b_0=0.732nm, c_0=0.707nm; \alpha=90°18', \beta=95°24', \gamma=103°24'$。单链状硅氧骨干。

【形态】晶体常呈柱状、板状(故以前称为板石)。集合体呈片状、放射状或纤维状。

【物理性质】白色或带灰和浅红的白色,有少数呈肉红色;玻璃光泽,解理面有时呈现珍珠光泽。解理完全;硬度 4.5~5.5。相对密度 2.75~3.10。

【成因及产状】是典型的变质矿物，常出现在酸性岩浆岩与碳酸盐岩的接触带，系高温反应的产物。反应式：

$$3CaCO_3 + 3SiO_2 \longrightarrow Ca_3[Si_3O_9] + 3CO_2$$

合成实验表明，在定压升温或定温降压的条件下，反应由左向右进行；在定温升压条件下反应从右向左进行。

【鉴定特征】与透闪石的区别是硅灰石质较软，不似透闪石性脆易折；与矽线石的区别是产状不同，易熔于酸。

【主要用途】可应用于陶瓷工业。

5. 绿泥石（Chlorite）

【化学组成】化学式可用$(Mg, Al, Fe)_3[(Si, Al)_4O_{10}](OH)_2 + (Mg, Al, Fe)_3(OH)_6$表示，前半部相当于一个滑石层，后半部分相当于一个水镁石层，两者相间排列。但是，滑石和水镁石中的Al与Mg之间极少替换，但在绿泥石中Al与Mg的替换却是它的基本特征之一。因此，可用"似滑石层"和"似水镁石层"或"氢氧化物层"的术语来描述。

【晶体结构】单斜晶系。$a_0 = 0.52nm, b_0 = 0.921nm, c_0 = 1.43nm; \beta = 97°$。层状硅氧骨干，其结构相当于一个TOT层与一个$[(Mg, Al, Fe)(OH)_6]$八面体层相间排列，即层间域中有$[(Mg, Al, Fe)(OH)_6]$八面体层。

【形态】晶体呈假六方片状或板状，但晶体少见。常呈鳞片状集合体、土状集合体。

【物理性质】大多带绿色调，但随成分而变化，富Mg为浅蓝绿色，富Fe颜色加深，为深绿到黑绿，含Mn呈浅褐、橘红色，含Cr呈浅紫到玫瑰色；条痕浅绿至无色；玻璃光泽，解理面呈珍珠光泽。解理完全，解理片具挠性；硬度2～2.5，随着含Fe量增加，硬度随之增大，可达3。相对密度随成分中Fe含量增加而增大，变化在2.680～3.40之间。

【成因及产状】本族矿物分布很广。常见于低级变质带绿片岩相中及低温热液蚀变中（绿泥石化）；但在某些中、高温变质或蚀变岩中也可出现。在火成岩中绿泥石多为富铁镁矿物（角闪石、辉石、黑云母等）的次生矿物；在沉积岩、黏土中都含一定的绿泥石。

【主要用途】仅具矿物学和岩石学意义。

6. 高岭石（Kaolinite）

高岭石名称来自我国江西景德镇的高岭（山名），因该地所产的高岭石质地优良，在国内外久享盛名。颗粒细小的高岭石是一种常见的黏土矿物，所谓黏土矿物（clay mineral），是指大小为黏粒级（粒度小于$2\mu m$）的层状硅酸盐矿物。黏土矿物由于颗粒细微、比表面积巨大和具有层间域等,使之具有吸附性、膨胀性、可塑性、阳离子交换性等,因而具有重要的工业应用价值。除高岭石外,常见的以黏土矿物产出的还有蛇纹石、滑石、叶蜡石、绿泥石等。云母有时也以黏土矿物产出。

【化学组成】$Al_4[Si_4O_{10}](OH)_8$。常有少量的 Mg、Fe、Cr、Cu 等代替八面体配位中的 Al。

【晶体结构】三斜晶系。$a_0=0.154nm, b_0=0.893nm, c_0=0.737nm; \alpha=91°48', \beta=104°42', \gamma=90°$。为层状硅氧骨干,与云母结构的区别是,结构单元层为 TO 型,即一层[SiO_4]四面体层与一层八面体层组成,层间域没有阳离子或水分子存在。

【形态】多为隐晶质致密块状或土状集合体。通常鳞片大小为 $0.2 \sim 5\mu m$,厚度为 $0.05 \sim 2\mu m$。

【物理性质】纯者白色,因含杂质可染成深浅不同的黄、褐、红、绿、蓝等各种颜色;致密块体呈土状光泽或蜡状光泽。极完全解理;硬度 2.0～3.5。相对密度 2.60～2.63。土状块体具粗糙感,干燥时具吸水性(黏舌),湿态具可塑性,但不膨胀。

【成因及产状】高岭石是黏土矿物中分布最广、最主要的组成之一。主要是富含铝硅酸盐的火成岩和变质岩,在酸性介质的环境里,经受风化作用或低温热液交代变化的产物。如钾长石风化可生成高岭石。

【鉴定特征】致密土状块体易于以手捏碎成粉末,黏舌,加水具可塑性。

【主要用途】高岭石自古以来就被应用于陶瓷工业,它是陶瓷制品的最基本原料。

7. 蛇纹石(Serpentine)

【化学组成】$Mg_6[Si_4O_{10}](OH)_8$。代替 Mg 的有 Fe、Mn、Cr、Ni、Al 等。

【晶体结构】单斜晶系。$a_0=0.53nm, b_0=0.92nm, c_0=0.73nm; \beta=90° \sim 93°$。为层状硅氧骨干,与高岭石相同,结构单元层也为 TO 型。

【形态】叶片状、鳞片状,通常呈致密块状。纤维状者称蛇纹石石棉,亦称温石棉。

【物理性质】深绿、黑绿、黄绿等各种色调的绿色,并常呈青、绿斑驳如蛇皮。铁的代入使颜色加深、密度增大。油脂或蜡状光泽,纤维状者呈丝绢光泽。硬度 2.5～3.5。相对密度 2.2～3.6。除纤维状者外,解理完全。

【成因及产状】蛇纹石的生成与热液交代(约相当于中温热液)有关,富含 Mg 的岩石如超基性岩(橄榄岩、辉石岩)或白云岩经热液交代作用可以形成蛇纹石。在矽卡岩化作用的后期往往有蛇纹石生成。

【鉴定特征】根据其颜色、光泽、较小的硬度、纤维状或块状形态及产状加以识别。

【主要用途】石棉状蛇纹石的抗拉强度比角闪石石棉高,很多有机纤维和无机纤维的抗拉强度都不及蛇纹石石棉,尤其在高温下,蛇纹石石棉仍能保持其相当好的强度。可用于建筑、化工、医药、冶金等部门。非石棉状蛇纹石,也可利用其耐热、隔音、质轻等特点,制成不吸收水分、不燃烧、热绝缘性好、热容量大的高强特种材料。还可用于建筑石料及玉雕,如岫玉(成分主要是蛇纹石)为我国著名的玉石品种。

第二节 碳酸盐矿物

碳酸盐矿物是由$[CO_3]^{2-}$络阴离子与Ca、Mg、Fe等阳离子组成的含氧盐。结构中$[CO_3]^{2-}$为平面三角形,呈孤立状,且$[CO_3]^{2-}$三角形都平行地成层排列。由于在$[CO_3]^{2-}$平面内光的折射率远大于垂直此平面的光的折射率,所以碳酸盐矿物的光学异向性非常强,表现为高双折率。

一、方解石(Calcite)

【化学组成】$Ca[CO_3]$。常含 Mn、Fe、Zn、Mg、Pb、Sr、Ba、Co、TR 等类质同象替代物。

【晶体结构】三方晶系。菱面体晶胞:$a_{rh}=0.637nm$,$\alpha=46°07'$;如果转换成六方晶胞,则:$a_h=0.499nm$,$c_h=1.706nm$。结构中Ca^{2+}与$[CO_3]^{2-}$在二维空间相间排列。

【形态】常见完好晶体。形态多种多样,见图 3-20。方解石常形成聚片双晶(参见附录一"矿物知识图片"图Ⅰ-25),在自然界,这种聚片双晶的出现,可以说明方解石形成后曾遭受地质应力的作用;此外也可见一种简单接触双晶[图 3-20(d)]。

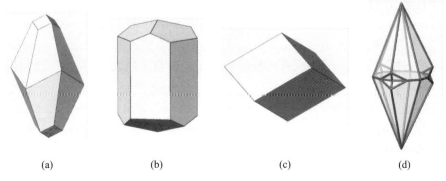

图 3-20 方解石的晶体(a)、(b)、(c)和双晶(d)

方解石的集合体形态也是多种多样的,有致密块状(石灰岩)、粒状(大理岩)、土状(白垩)、多孔状(石灰华)、钟乳状(石钟乳)和鲕状、豆状、结核状、葡萄状、被膜状及晶簇状等。

【物理性质】无色或白色,有时被 Fe、Mn、Cu 等元素染成浅黄、浅红、紫、褐黑色。无色透明的方解石称为冰洲石(icespar)。三组解理完全,解理面不垂直;硬度 3。相对密度 2.6~2.9。

【成因及产状】方解石是分布最广的矿物之一,具有各种不同的成因类型。主要为:① 沉积型,海水中的 $CaCO_3$ 达到过饱和时,可沉积形成大量的石灰岩、鲕状灰岩等;② 热液型,常见于中、低温热液矿床中,呈脉状或见于空洞里,具良好的晶形;③ 岩浆型,方解石为岩浆成因的碳酸岩和碳酸盐熔岩中的主要造岩矿物,常与白云石、金云母等共生;④ 风化型,石灰岩、大理岩在风化过程中地下水溶解易形成重碳酸钙 $Ca(HCO_3)_2$ 进入溶液,当压力减小或蒸发时,使大量 CO_2 逸出,碳酸钙可再沉淀下来,形成钟乳石、石笋、石柱等。

【鉴定特征】晶形,三组完全解理、解理不垂直,硬度较小,相对密度较小。加 HCl 急剧起泡。

【主要用途】由方解石组成的石灰岩、大理岩、白垩等岩石,广泛地应用于化工、冶金、建筑等工业部门,例如用于烧石灰、制水泥等。美丽的大理岩可作建筑装饰材料。纯度高的石灰岩是塑料、尼龙的重要原料。由于冰洲石具有极强的双折射率和偏光性能,被广泛地应用于光学领域里,如偏光显微镜的棱镜、偏光仪、光度计等。

二、菱镁矿(Magnesite)-菱铁矿(Siderite)

【化学组成】菱镁矿 $Mg[CO_3]$ 与菱铁矿 $Fe[CO_3]$ 之间可形成完全类质同象,有时具有 Mn、Ca、Ni、Si 等混入物。

【晶体结构】三方晶系。菱镁矿:菱面体晶胞:$a_{rh}=0.566nm$;$\alpha=48°10'$;六方晶胞:$a_h=0.462nm$,$c_h=1.499nm$。菱铁矿:菱面体晶胞:$a_{rh}=0.576nm$;$\alpha=47°54'$;六方晶胞:$a_h=0.468nm$,$c_h=1.526nm$。与方解石同结构。

【形态】晶体呈菱面体状、短柱状或偏三角面体状。通常呈粒状、土状、致密块状集合体。

【物理性质】富 Mg 端元白色或浅黄白色、灰白色,有时带淡红色调,富 Fe 者呈黄至褐色、棕色;玻璃光泽。三组解理完全;硬度 3.5~4.5。相对密度 2.9~4.0,富 Fe 者相对密度和折射率均增大。

【成因及产状】菱镁矿主要由含 Mg 热液交代白云石及超基性岩而成,此外也有沉积型。菱铁矿也具有沉积型和热液型两种。

【鉴定特征】与方解石相似,区别在于粉末加冷 HCl 不起泡或作用极慢,加热 HCl 则剧烈起泡。

【主要用途】菱镁矿可用于制耐火砖(可耐 3000℃ 高温)、含镁水泥,并可提取金属镁;菱铁矿可作为铁矿石开采。

三、白云石(Dolomite)

【化学组成】$CaMg[CO_3]_2$。成分中的 Mg 可被 Fe、Mn、Co、Zn 替代。

【晶体结构】三方晶系。菱面体晶胞:$a_{rh}=0.601nm$;$α=47°36'$;六方晶胞:$a_h=0.481nm$,$c_h=1.601nm$。晶体结构与方解石相似。不同之处在于方解石晶体结构中 Ca^{2+} 所占据的结构位置,其中 1/2 在白云石中被 Mg 所占据。

【形态】晶体常呈粒状,晶面常弯曲成马鞍状(图 3-21)。有些白云石可见聚片双晶。

【物理性质】纯者多为白色,含铁者灰色 暗褐色,含铁白云石风化后,表面变为褐色;玻璃光泽。三组解理完全,解理面常弯曲;硬度 3.5~4。相对密度 2.85,随成分中 Fe、Mn、Pb、Zn 含量的增多而增大。有些白云石在阴极射线作用下发鲜明的橘红光。

【成因及产状】白云石是自然界中广泛分布的一种矿物,主要有沉积和热液两种成因。它是组成白云岩、白云质灰岩的主要矿物。白云石也是岩浆成因的碳酸岩的主要组成矿物之一。含镁质或白云质的灰岩在区域变质或接触变质作用中可形成白云石大理岩。在变质作用的较高阶段,白云石可被分解成方镁石和水镁石。

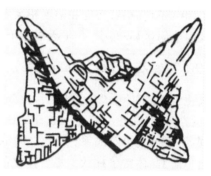

图 3-21 白云石的晶体(马鞍状形态)
(据 Sadebeck,1876;引自潘兆橹,1993)

【鉴定特征】晶面常呈弯曲的马鞍形。与方解石的区别是遇冷盐酸不剧烈起泡,加热后方剧烈起泡。

【主要用途】用作耐火材料及高炉炼铁生产中的熔剂;部分白云石可作提取镁的原料。白云石大理岩加工后可作较好的建筑石材。

四、文石(Aragonite,又称霰石)

与方解石呈同质二象。高温低压形成方解石,低温高压形成文石。

【化学组成】$Ca[CO_3]$。Ca 常被 Sr、Pb、Zn、TR 所替代。此外还有 Mg、Fe、Al

等,但含量一般均较低。

【晶体结构】斜方晶系。$a_0=0.495$nm,$b_0=0.796$nm,$c_0=0.573$nm。

【形态】晶体常为柱状、矛状,但较少见。集合体常呈纤维状、晶簇状、皮壳状、钟乳状、珊瑚状、鲕状、豆状和球状等。多数软体动物的贝壳内壁珍珠质部分是由极细的片状文石沿着贝壳面平行排列而成。

【物理性质】通常为白色、黄白色,有时呈浅绿色、灰色等;透明;玻璃光泽,断口为油脂光泽。无解理;贝壳状断口;硬度3.5～4.5。相对密度2.9～3.3,成分中含Sr、Ba者相对密度增大。

【成因及产状】文石通常在低温热液和外生作用条件下形成,它是低温矿物之一。在热液矿床、现代温泉、间歇喷泉里晶出。当溶液中存在Sr和Mg盐类杂质,有利于文石的形成。文石不稳定,常转变为方解石。

【鉴定特征】文石与方解石相似,加HCl剧烈起泡。但文石不具三组解理,晶形呈柱状、矛状;相对密度和硬度稍大于方解石。

【主要用途】分布少,几乎无工业价值。

五、孔雀石(石绿,Malachite)

【化学组成】$Cu_2[CO_3](OH)_2$。Zn可能以类质同象形式代替Cu,吸附或机械混入的杂质有Ca、Fe、Si、Ti、Na、Pb、Ba、Mn、V等。

【晶体结构】单斜晶系。$a_0=0.948$nm,$b_0=1.203$nm,$c_0=0.321$nm;$\beta=98°$。

【形态】晶体常呈柱状。集合体呈晶簇状、肾状、葡萄状、皮壳状、充填脉状、粉末状、土状等。在肾状集合体内部具有同心层状(参见附录一"矿物知识图片"图Ⅰ-31),由深浅不同的绿色至白色组成环带,形似孔雀羽毛上的花纹,所以得名。土状孔雀石称为铜绿(或称石绿)。

【物理性质】一般为绿色,但色调变化较大,从暗绿、鲜绿到白色;浅绿色条痕;玻璃至金刚光泽,纤维状者呈丝绢光泽。解理完全;硬度3.5～4。相对密度4.0～4.5。

【成因及产状】孔雀石产于铜矿床氧化带,常与蓝铜矿$Cu_3[CO_3]_2(OH)_2$共生或伴生。我国广东阳春石绿铜矿是一大型的孔雀石、蓝铜矿铜矿床。

【鉴定特征】特征的孔雀绿色,形态常呈肾状、葡萄状,其内部具放射纤维状及同心层状。

【主要用途】大量产出时可炼铜。质纯形美的孔雀石可作装饰品及艺术品。粉末可作绿色颜料。孔雀石可作为铜矿的找矿标志。

六、蓝铜矿（石青，Azruite）

【化学组成】$Cu_3[CO_3]_2(OH)_2$。成分相当稳定。

【晶体结构】单斜晶系。$a_0=0.500nm$，$b_0=0.585nm$，$c_0=1.035nm$；$\beta=92°20'$。

【形态】晶体常呈短柱状、柱状或厚板状，集合体为致密块状、晶簇状、放射状、土状或皮壳状、薄膜状等。

【物理性质】深蓝色，土状块体呈浅蓝色；浅蓝色条痕；晶体呈玻璃光泽，土状块体呈土状光泽；透明至半透明。解理完全或中等；贝壳状断口；硬度3.5～4。相对密度3.7～3.9。性脆。

【成因及产状】产于铜矿床氧化带、铁帽及近矿围岩的裂隙中，是一种次生矿物，常与孔雀石共生或伴生，其形成一般稍晚于孔雀石，但有时也被孔雀石所交代。

【鉴定特征】蓝色。常与孔雀石等铜的氧化物共生。遇HCl起泡。有Cu的焰色反应。

【主要用途】同孔雀石。

第四章 常见的金属(造矿)矿物

本章介绍一些常见的金属矿物,这些金属矿物大多可以被作为矿产资源开发利用,它们是金属矿石的主要矿物组成,所以可以称为造矿矿物。这些造矿矿物大多为硫化物和氧化物。

一、方铅矿(Galena)

【化学组成】PbS,为硫化物矿物。成分中常含 Ag、Cu、Zn、Tl、As、Bi、Sb、Se 等,其中以 Ag 最为重要;Se 以类质同象置换 S,存在着 PbS－PbSe 完全类质同象系列。

【晶体结构】等轴晶系。$a_0=0.593$nm。具 NaCl 型结构(参见图 2－4)。

【形态】常见粒状,或致密块状集合体。

【物理性质】铅灰色;条痕灰黑色;金属光泽。立方体解理(三组)完全(参见附录一"矿物知识图片"图Ⅲ－1);硬度 2～3。相对密度 7.4～7.6。

【成因及产状】主要形成于中温热液矿床中,常与闪锌矿一起形成铅锌硫化物矿床。也可形成于接触交代矿床中。在氧化带中不稳定,易转变为铅矾、白铅矿等一系列次生矿物。

【鉴定特征】铅灰色,强金属光泽,立方体完全解理,相对密度大,硬度小于小刀。

【主要用途】为铅的主要矿石矿物;而含 Ag 的方铅矿又是提炼银的重要矿物原料。晶体还可用作检波器。

二、闪锌矿(Sphalerite)

【化学组成】ZnS,为硫化物矿物。通常含有 Fe、Mn、In、Tl、Ag、Ga、Ge 等类质同象混入物。其中 Fe 替代 Zn 十分普遍,替代量最高可达 40%。一般地,较高温度条件下形成的闪锌矿,其成分中 Fe 和 Mn 的含量增高,颜色趋深。

【晶体结构】等轴晶系。$a_0=0.540$nm(纯闪锌矿),具闪锌矿型结构(参见图 2－5)。

【形态】通常呈粒状集合体,有时呈肾状、葡萄状,反映出胶体成因的特征。

【物理性质】Fe 的含量直接影响闪锌矿的颜色、条痕、光泽和透明度。当含 Fe 量增多时,颜色为浅黄、棕褐直至黑色(铁闪锌矿);条痕由浅褐色至褐色;半金属光泽;半透明。解理 6 组完全。硬度 3.5~4。相对密度 3.9~4.1,随含 Fe 量的增加而降低。不导电。

【成因及产状】闪锌矿是分布最广的锌矿物。常见于各种高、中温热液矿床中,也常出现于接触交代矿床中。此外,闪锌矿还有表生沉积成因的。

闪锌矿在氧化带中形成菱锌矿 $Zn[CO_3]$ 等次生矿物。

【鉴定特征】以其具多组完全解理、粒状晶形、硬度小于小刀、金刚光泽以及常与方铅矿密切共生为特征。

【主要用途】最重要的锌矿石矿物原料。其成分中所含 Cd、In、Ge、Ga、Tl 等一系列稀有元素可综合利用。良好的闪锌矿的单晶可用作紫外半导体激光材料。

三、黄铜矿(Chalcopyrite)

【化学组成】$CuFeS_2$,为硫化物矿物。成分中可有 Mn、As、Sb、Ag、Au、Zn、In、Bi、Se、Te 等元素混入。当形成温度高于 200℃时,S 不足,即 $(Cu+Fe):S>1$。形成温度越高,缺 S 越多。形成温度低于 200℃时,其成分与理想化学式一致,即 $(Cu+Fe):S=1$。

【晶体结构】四方晶系。晶体结构为闪锌矿型结构的衍生结构,即其单位晶胞类似于将两个闪锌矿晶胞叠置而成。每一金属离子(Cu^{2+} 和 Fe^{2+})的位置均相当于闪锌矿中 Zn^{2+} 的位置,但由于 Zn^{2+} 位置被 Cu^{2+} 和 Fe^{2+} 两种离子代替并有序分布,使其对称由原闪锌矿结构的等轴晶系下降为四方晶系。高温无序黄铜矿(即 Cu^{2+} 和 Fe^{2+} 无序分布)仍保留闪锌矿结构的等轴晶系。

【形态】通常为致密块状或分散粒状集合体。偶尔出现隐晶质肾状形态。

【物理性质】颜色为铜黄色,但往往带有暗黄色锈色;条痕绿黑色;金属光泽;不透明。解理不发育;硬度 3~4。相对密度 4.1~4.3。性脆。能导电。

【成因及产状】黄铜矿成因类型较多。在与基性岩有关的铜镍硫化物岩浆矿床中,与磁黄铁矿、镍黄铁矿共生;在接触交代矿床中,黄铜矿充填于石榴子石或透辉石等矽卡岩矿物间。在中温热液矿床中,黄铜矿往往与黄铁矿、方铅矿、辉钼矿及方解石、石英共生。

在地表氧化环境中,黄铜矿易于氧化、分解,可形成孔雀石、蓝铜矿。在含铜硫化物矿床的次生富集带中,黄铜矿被次生斑铜矿、辉铜矿和铜蓝所交代。

【鉴定特征】黄铜矿与黄铁矿相似,以其更黄的颜色和较低的硬度加以区别。与自然金的区别在于绿黑色的条痕、性脆及溶于硝酸。

【主要用途】炼铜的主要矿石矿物。

四、黄铁矿（Pyrite）

【化学组成】$Fe[S_2]$，为复硫化物矿物（即：阴离子是哑铃状的对硫离子$[S_2]^{2-}$）。成分中常见Co、Ni等元素呈类质同象置换Fe，并常见Au、Ag呈机械混入物。

【晶体结构】等轴晶系。$a_0=0.542nm$。具NaCl型结构的衍生结构（图4-1），即哑铃状对硫离子$[S_2]^{2-}$代替了NaCl型结构中的球形阴离子Cl^-。

【形态】常见完好晶形，呈立方体或八面体等晶形，在立方体晶面上常能见到3组相互垂直的晶面条纹，这种条纹的方向在两相邻晶面上相互垂直（参见图2-11）。集合体常成致密块状、分散粒状及结核状等。

【物理性质】浅铜黄色，表面带有黄褐的锈色；条痕绿黑色；强金属光泽，不透明。无解理；断口参差状；硬度6～6.5。相对密度4.9～5.2。性脆。

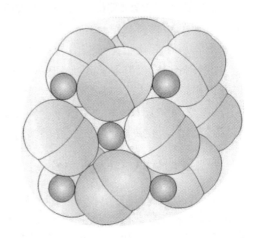

图4-1 黄铁矿的结构

【成因及产状】黄铁矿是地壳分布最广的硫化物，形成于多种不同地质条件下。产于铜镍硫化物岩浆矿床中，以富含Ni为特征；产于接触交代矿床中，常含有Co；产于多金属热液矿床中，黄铁矿成分中Cu、Zn、Pb、Ag等含量有所增高；与火山作用有关的矿床中，黄铁矿成分中As、Se含量有所增多；外生成因的黄铁矿见于沉积岩、沉积矿床和煤层中，往往成结核状和团块状。

在地表氧化条件下，黄铁矿易于分解而形成各种铁的硫酸盐和氢氧化物。铁的硫酸盐中以黄钾铁矾最常见；铁的氢氧化物中以针铁矿最常见，它是构成褐铁矿的主要矿物成分。褐铁矿有时呈黄铁矿假象（即：呈立方体形态的褐铁矿，其立方体形态是黄铁矿的晶形）。

【鉴定特征】据其晶形、晶面条纹、颜色、硬度等特征可与相似的黄铜矿、磁黄铁矿相区别。

【主要用途】为制造硫酸的主要矿物原料，也可用于提炼硫磺。当含Au、Ag或Co、Ni较高时可综合利用。

五、磁黄铁矿（Pyrrhotite）

【化学组成】$Fe_{1-x}S$，为硫化物矿物。成分中常见Ni、Co类质同象置换Fe。此外,还有 Cu、Pb、Ag 等。磁黄铁矿中部分 Fe^{2+} 为 Fe^{3+} 代替,为保持电价平衡,结构中 Fe^{2+} 出现部分空位,此现象称"缺席构造"。故其成分为非化学计量,通常以 $Fe_{1-x}S$ 表示(其中 $x=0\sim0.223$)。

【晶体结构】六方晶系。$a_0=0.349nm,c_0=0.569nm$。

【形态】通常呈致密块状、粒状集合体或呈浸染状。

【物理性质】暗古铜黄色,表面常具褐色的锈色;条痕灰黑色;金属光泽;不透明。解理不发育;硬度 4。相对密度 4.6~4.7。性脆。具导电性和弱—强磁性。

【成因及产状】磁黄铁矿的主要产状与黄铜矿相似,可产于基性岩体内的铜镍硫化物岩浆矿床中;产于接触交代矿床中,形成于矽卡岩过程的后期阶段;产于一系列热液矿床中。

在氧化带,它极易分解而最后转变为褐铁矿。

【鉴定特征】暗古铜黄色,具弱—强磁性。

【主要用途】为制作硫酸的矿石矿物原料,但经济价值远不如黄铁矿。含 Ni 较高时可作为镍矿石综合利用。

六、辉锑矿(Stibnite 或 Antimonite)

【化学组成】Sb_2S_3,为硫化物矿物。成分较固定,含少量 As、Pb、Ag、Cu 和 Fe,其中绝大部分元素为机械混入物。

【晶体结构】斜方晶系。$a_0=1.120nm,b_0=1.128nm,c_0=0.383nm$。

【形态】单晶呈柱状或针状,柱面具有明显的纵纹(聚形纹),但在解理面上可见明显的横纹(聚片双晶纹)。集合体常呈放射状或致密粒状。

【物理性质】铅灰色或钢灰色,表面有蓝色的锈色;条痕黑色;金属光泽;不透明。解理一组完全,解理面上常有横的聚片双晶纹。硬度 2;相对密度 4.6。性脆。

【成因及产状】主要产于低温热液矿床中,与辰砂、石英、萤石、重晶石、方解石等共生。我国湖南新化锡矿山是世界最著名最大的辉锑矿产地。

【鉴定特征】铅灰色,柱状晶形,柱面上有纵纹(聚形纹),解理面上有横纹(聚片双晶纹)。对于细粒的块体,滴 KOH 于其上,立刻呈现黄色,随后变为橘红色,以此区别于与其类似的辉铋矿。

【主要用途】为锑的重要矿石矿物,晶体大或呈美观的晶簇状者具很高的观赏和收藏价值。

七、辉铋矿(Bismuthinite)

【化学组成】Bi_2S_3,为硫化物矿物。类质同象混入物主要有 Pb、Cu、Sb 和 Se。

【晶体结构】斜方晶系。$a_0=1.113nm,b_0=1.127nm,c_0=0.397nm$。辉铋矿

与辉锑矿等结构。

【形态】晶形常呈长柱状至针状,晶面大多具纵纹,集合体以致密粒状为常见。

【物理性质】微带铅灰的锡白色;表面常现黄色或斑状锈色;条痕黑色;金属光泽;不透明。解理一组完全;硬度2～2.5。相对密度为6.8。

【成因及产状】主要见于钨锡高温热液矿床和接触交代矿床中。

【鉴定特征】与辉锑矿相似,但颜色较辉锑矿浅,光泽较强,相对密度较大,解理面上无横纹,与KOH溶液不起反应。

【主要用途】为铋的重要矿石矿物。

八、雌黄(Orpiment)

【化学组成】As_2S_3,为硫化物矿物。Sb呈类质同象混入代替S,此外,存在微量的Hg、Ge、Se、V等。

【晶体结构】单斜晶系。$a_0=1.149$nm,$b_0=0.959$nm,$c_0=0.425$nm,$\beta=90°27'$。雌黄具有层状结构,沿结构层产生极完全解理。

【形态】常见板状或短柱状,集合体呈片状、梳状、土状等。

【物理性质】柠檬黄色;条痕鲜黄色;油脂光泽至金刚光泽,解理面为珍珠光泽。解理一组极完全,薄片具挠性;硬度1.5～2。相对密度3.5。

【成因及产状】见于低温热液矿床中,为标型矿物。常与雄黄共生。

我国湖南、云南、贵州、四川、甘肃等省均有产出,尤以湖南和云南著名。

【鉴定特征】柠檬黄色,硬度低,一组极完全解理。与自然硫相似,但自然硫不具极完全解理。

【主要用途】为砷及制造各种砷化物的主要矿石矿物,还可用于中药。

九、雄黄(Realgar)

【化学组成】As_4S_4,为硫化物矿物。成分固定,含杂质较少。

【晶体结构】单斜晶系。$a_0=0.929$nm,$b_0=1.353$nm,$c_0=0.657$nm;$\beta=106°33'6''$。具分子型结构:由As_4S_4分子所构成,分子中的4个S与4个As之间以共价键相维系,而分子与分子间则以分子键相联结。

【形态】通常以致密块状或土状块体或皮壳状集合体产出。单晶体通常细小,呈柱状、短柱状,柱面上有细的纵纹。

【物理性质】橘红色,条痕淡橘红色;晶面上具金刚光泽,断面上出现树脂光泽;透明—半透明。解理一组中等—完全;硬度1.5～2。相对密度3.6。性脆。长期受光作用,可转变为淡橘红色粉末。

【成因及产状】形成条件与雌黄相似,并常与雌黄共生。

【鉴定特征】橘红色,条痕淡橘红色,硬度与辰砂相似,但辰砂条痕色鲜红,相对密度大。

【主要用途】为砷及制造各种砷化物的主要矿石矿物。

十、辰砂(Cinnabar)

【化学组成】HgS,为硫化物矿物。成分固定,有时含少量的 Se、Te、Sb、Cu 混入物等。

【晶体结构】三方晶系。$a_0=0.414nm$,$c_0=0.949nm$。晶体结构为变形的 NaCl 型,即将 NaCl 型结构的立方体晶胞沿体对角线方向变形后得到辰砂结构。

【形态】单晶常呈厚板状或柱状。集合体多呈粒状,有时为致密块状以及被膜状。

【物理性质】鲜红色,有时表面呈铅灰的锖色;条痕红色;金刚光泽;半透明。3 组完全解理;硬度 2~2.5。相对密度 8.05~8.2。成分纯净者导电性极差,如含 0.1‰Se 或 Te 时,就显著增加其导电性。

【成因及产状】为低温热液矿床标型矿物。常与辉锑矿、雄黄、雌黄、黄铁矿、隐晶质石英、方解石等矿物共生。

我国是辰砂的主要生产国之一。湖南晃县、江西婺源和贵州铜仁等地是辰砂的著名产地。

【鉴定特征】鲜红的颜色和条痕,相对密度大,硬度低。

【主要用途】提炼汞最重要的矿石矿物。辰砂的单晶可作激光调制晶体,为目前激光技术的关键材料。此外,大而完好的晶体还具有极高的观赏及收藏价值。

十一、斑铜矿(Bornite)

【化学组成】Cu_5FeS_4,为硫化物矿物。由于斑铜矿中常含有黄铜矿、辉铜矿的显微包裹体,其成分变化很大。

【晶体结构】等轴晶系。$a_0=1.093nm$。

【形态】单晶极为少见,通常呈致密块状或粒状不规则状集合体。

【物理性质】新鲜断面呈古铜红色,表面常呈蓝紫斑状锖色(参见附录一"矿物知识图片"图Ⅱ-23),因此得名;条痕灰黑色;金属光泽;不透明。无解理;硬度 3。相对密度 4.9~5。性脆。具导电性。

【成因及产状】斑铜矿可形成于 Cu-Ni 硫化物矿床、矽卡岩矿床及铜硫化物矿床的次生硫化物富集带中。

斑铜矿在氧化环境中易遭受分解而形成孔雀石、蓝铜矿、赤铜矿、褐铁矿等矿物。

【鉴定特征】特有的古铜红色和表面的蓝紫斑杂的锈色；低硬度。

【主要用途】为铜的主要矿石矿物。

十二、赤铁矿（Hematite）

【化学组成】Fe_2O_3。为氧化物矿物。常含 Ti、Al、Mn、Fe^{3+}、Cu 及少量 Ca、Co 类质同象混入物。

【晶体结构】三方晶系。$a_0=0.503nm$，$c_0=1.376nm$。

【形态】单晶常呈板状，集合体形态多样：显晶质的有片状、鳞片状或块状；隐晶质的有鲕状、肾状、粉末状和土状等。

【物理性质】显晶质的赤铁矿呈铁黑至钢灰色，隐晶质的鲕状、肾状和粉末状者呈暗红色；条痕樱桃红色；金属光泽（镜铁矿）至半金属光泽，或土状光泽；不透明。无解理；硬度 5.5～6，土状者显著降低。相对密度 5.0～5.3。性脆。

【成因及产状】赤铁矿是自然界分布很广的铁矿物之一。它可以形成于各种地质作用之中，但以热液作用、沉积作用和沉积变质作用为主。

【鉴定特征】樱桃红色条痕是鉴定赤铁矿的最主要特征。此外，形态和无磁性可与磁铁矿相区别。

【主要用途】为提炼铁的最重要矿石矿物。

十三、磁铁矿（Magnetite）

【化学组成】$FeFe_2O_4$。为氧化物矿物。常含 Mg、Mn、Ti、V、Cr 等元素。

【晶体结构】等轴晶系。$a_0=0.8396nm$。

【形态】单晶呈八面体，较少呈菱形十二面体。集合体常呈致密块状和粒状。

【物理性质】铁黑色；条痕黑色；金属-半金属光泽；不透明。无解理。硬度 6。相对密度 5.20。性脆。具强磁性。有些磁铁矿具有裂开（像解理一样的现象）。

【成因及产状】主要形成于内生作用和变质作用中。常作为岩浆岩的副矿物出现。此外，它是岩浆成因铁矿床、接触交代铁矿床、气化-高温含稀土铁矿床、沉积变质铁矿床以及一系列与火山作用有关铁矿床中的主要铁矿物。因其稳定性好亦常见于砂矿中。

我国磁铁矿的著名产地有：四川攀枝花（岩浆成因铁矿床）、辽宁鞍山（沉积变质铁矿床）、湖北大冶（接触交代铁矿床）等。

【鉴定特征】以其晶形、黑色条痕和强磁性可与其相似的矿物如赤铁矿、铬铁矿等相区别。

【主要用途】为最重要的炼铁矿物原料之一。所含的 V、Ti、Cr 等元素常可综合利用。

第五章 其他矿物

本章介绍一些在岩石中较常见的矿物,这些矿物不是典型的造岩矿物,它们中有些是副矿物,有些是黏土矿物,有些是典型的变质矿物,有些是可作宝石的矿物,等等。这些矿物属于硅酸盐矿物、氧化物矿物、氢氧化物矿物、自然元素、卤化物矿物。

一、锆石(锆英石)(Zircon)

【化学组成】$Zr[SiO_4]$,为硅酸盐矿物。常含有 Hf、Th、U、TR 等混入物。由于锆石中常含 Th、U,故测定锆石中 Th、U 的含量和由它们蜕变而成几种铅同位素的含量,计算它们与 U 的比值,可测定锆石及其母岩的绝对年龄。

【晶体结构】四方晶系。$a_0=0.662nm, c_0=0.602nm$。$[SiO_4]$四面体呈孤立状,即为岛状硅氧骨干。

【形态】晶体呈柱状,四方双锥状。锆石的形态具有标型性,如在碱性岩中,四方双锥很发育,四方柱不太发育;在酸性花岗岩中,四方双锥和四方柱均较发育;在基性岩、中性岩或偏基性的花岗岩中,柱面发育而锥面相对不发育。此外利用锆石晶体长宽比、磨圆度也可判断形成条件。

【物理性质】颜色多变,与其成分多变有关;玻璃至金刚光泽,断口油脂光泽;透明至半透明。解理不完全;断口不平坦或贝壳状;硬度 7.5~8。相对密度 4.4~4.8。性脆。当锆石含有较高量的 Th、U 等放射性元素时,具放射性,常引起非晶质化,与普通锆石相比,透明度下降,光泽较暗淡,相对密度和硬度降低,折射率下降且呈均质体状态。

【成因及产状】锆石是在酸性和碱性岩浆岩中分布广泛的副矿物。在基性和中性岩中亦产出。在伟晶岩中,锆石常与稀有元素矿物等密切共生。在沉积岩、变质岩中亦较常见。锆石在碱性岩中可富集成矿,如挪威南部霞石正长岩中产出的巨型锆石矿床。此外,由于锆石性质稳定,可富集成砂矿。

【鉴定特征】以其晶形、大的硬度、金刚光泽为特征。

【主要用途】提取锆和铪的主要矿物原料,色泽绚丽且透明无瑕者,可作宝石原料。在地质学中常用锆石测定母岩的绝对年龄。

二、十字石(Staurolite)

【化学组成】$FeAl_4[SiO_4]_2O_2(OH)_2$ 或写成 $Fe(OH)_2+2Al_2[SiO_4]O$，即相当于两个蓝晶石加上氢氧化铁组成，为硅酸盐矿物。Fe^{2+} 可被 Mg^{2+}、Co、Zn 代替；Al^{3+} 可被 Fe^{3+} 代替。

【晶体结构】斜方晶系。$a_0=0.781nm, b_0=1.662nm, c_0=0.565nm$。为岛状硅氧骨干，晶体结构可看成蓝晶石结构层与氢氧化铁层交互叠置而成。

【形态】晶形呈短柱状。双晶较为特征，常呈穿插十字双晶。

【物理性质】深褐色、红褐色、黄褐色；玻璃光泽，但常显暗淡无光或如土状。解理中等；硬度 7.5。相对密度 3.74～3.83。

【成因及产状】主要是区域变质及少数接触变质作用的产物。

【鉴定特征】短柱状，横断面为菱形，特别是十字双晶形状，深褐色、红褐色，硬度大，以此可与红柱石区别。

【主要用途】具矿物学和岩石学意义。

三、榍石(Sphene 或 Titanite)

【化学组成】$CaTi[SiO_4]O$，为硅酸盐矿物。Ca 可被 Na、TR、Mn、Sr、Ba 代替；Ti 可被 Al、Fe^{3+}、Nb、Ta、Th、Sn、Cr 代替；O 可被(OH)、F、Cl 代替。

【晶体结构】单斜晶系。$a_0=0.655nm, b_0=0.870nm, c_0=0.743nm; \beta=119°43'$。为岛状硅氧骨干。

【形态】晶体形态多种多样，常见晶形为扁平信封状，横截面为菱形。

【物理性质】蜜黄色、褐色、绿色、灰色、黑色，成分中含有较多量的 MnO 时，可呈红色或玫瑰色；条痕无色或白色；透明至半透明；金刚光泽，断口呈油脂光泽或树脂光泽。解理中等；硬度 5～6。相对密度 3.29～3.60。

【成因及产状】榍石作为副矿物广泛分布于各种岩浆石中，如花岗岩、正长岩。在正长岩质的伟晶岩中可见大晶体产出。

【鉴定特征】以其特有的扁平信封状晶形和菱形的横截面可与其他蜜黄色矿物相区别。

【主要用途】大量时可作钛矿石，亦可作为稀有元素矿床的找矿标志。色泽美丽透明者也用作宝石原料。

四、绿帘石(Epidote)

【化学组成】$Ca_2Fe^{3+}Al_2[Si_2O_7][SiO_4]O(OH)$，为硅酸盐矿物。阳离子类质同象代替后可相应形成黝帘石 $Ca_2Al_3[Si_2O_7][SiO_4]O(OH)$、斜黝帘石 Ca_2AlAl_2-

[Si$_2$O$_7$][SiO$_4$]O(OH)等。

【晶体结构】单斜晶系。$a_0=0.888\sim 0.898$nm，$b_0=0.561\sim 0.566$nm，$c_0=1.015\sim 1.030$nm；$\beta=115°25'\sim 115°24'$。为双岛状硅氧骨干。

【形态】晶体常呈柱状、针状，晶面具有明显的条纹。

【物理性质】灰色、黄色、黄绿色、绿褐色，或近于黑色，颜色随 Fe^{3+} 含量增加而变深，很少量 Mn 的类质同象替代使颜色显不同程度的粉红色；玻璃光泽；透明。解理完全；硬度 6。相对密度 3.38～3.49（随 Fe 含量增加而变大）。

【成因及产状】绿帘石的生成与热液作用（主要相当于中温热液阶段）有关，主要形成绿帘石化，即原来的岩浆岩、变质岩、沉积岩受热液交代后形成的一种围岩蚀变。在伴有动力破碎的后退变质作用中，Ca^{2+} 可以从斜长石、辉石和角闪石中析出而形成绿帘石、黝帘石矿物。在区域变质岩中的绿片岩相中也广泛发育。此外，绿帘石也为基性岩浆岩动力变质的常见矿物。

【鉴定特征】柱状晶形、明显的晶面条纹、一组完全解理、特征的黄绿色可以与相似的橄榄石、角闪石相区别。

【主要用途】具有矿物学和岩石学意义。

五、绿柱石（Beryl）

【化学组成】Be$_3$Al$_2$[Si$_6$O$_{18}$]，为硅酸盐矿物。有些绿柱石可含 Na、K、Li、Cs、Rb 等碱金属。碱金属含量与交代作用有关。

【晶体结构】六方晶系。$a_0=0.921$nm，$c_0=0.917$nm。为六方环状硅氧骨干，环中心有宽阔的孔道，以容纳大半径的离子 K$^+$、Na$^+$、Cs$^+$、Rb$^+$ 以及水分子。

【形态】晶体多呈长柱状（图 5-1），富含碱的晶体则呈短柱状，或发育成板状。

【物理性质】纯的绿柱石为无色透明，常见的颜色有绿色、黄绿色、粉红色、深的鲜绿色等，浅蓝色的称海蓝宝石，其蓝色由 Fe^{2+} 引起，碧绿苍翠的称祖母绿，是一种极珍贵的宝石，其颜色由 Cr$_2$O$_3$ 引起，此外，含 Cs 则呈粉红色，含少量 Fe$_2$O$_3$ 及 Cl 则呈黄绿色；玻璃光泽；透明。无解理；硬度 7.5～8。相对密度 2.6～2.9。

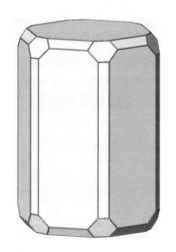

图 5-1 绿柱石晶体

【成因及产状】绿柱石主要产于花岗伟晶岩、云英岩及高温热液矿脉中。我国内蒙古、新疆、东北等地花岗伟晶岩中均产出绿柱石。

【鉴定特征】根据晶形和硬度及解理不发育易于识别。

【主要用途】为 Be 的重要矿石矿物。色泽美丽且透明无瑕者可作高档宝石原料。其中以祖母绿最佳,其加工后的价值不亚于钻石。

六、堇青石(Cordierite)

【化学组成】$(Mg,Fe)_2Al_3[AlSi_5O_{18}]$,为硅酸盐矿物。成分中 Mg 和 Fe 为完全类质同象代替,但大多数堇青石是富镁的。

【晶体结构】斜方晶系。$a_0=1.713\sim1.707$nm,$b_0=0.980\sim0.973$nm,$c_0=0.935\sim0.929$nm。与绿柱石同结构,但在六方环中存在 Al→Si,因而对称下降为斜方晶系。

【形态】完好晶体不常出现,有时呈假六方柱晶体。

【物理性质】无色,或浅蓝色、浅黄色;玻璃光泽;透明。解理中等;贝壳状断口;硬度 7~7.5。相对密度 2.53~2.78。

【成因及产状】是一种典型变质矿物,产于片麻岩、结晶片岩及蚀变火成岩中。

【主要用途】堇青石最大的特性是热膨胀系数小,因此广泛应用于陶瓷、玻璃业,提高其抗急冷急热的能力。

七、电气石(Tourmaline)

【化学组成】$Na(Mg,Fe,Mn,Li,Al)_3Al_6[Si_6O_{18}][BO_3]_3(OH,F)_4$。电气石是一种硼硅酸盐矿物,即除硅氧骨干外,还有[BO_3]络阴离子团。其中 Na^+ 可局部被 K^+ 和 Ca^{2+} 代替,$(OH)^-$ 可被 F^- 代替,但没有 Al^{3+} 代替 Si^{4+} 现象。

【晶体结构】三方晶系。$a_0=1.584\sim1.603$nm,$c_0=0.709\sim0.722$nm。为六方环状硅氧骨干。

【形态】晶体呈柱状(图 5-2),晶体两端晶面不同,因为晶体无对称中心。柱面上常出现纵纹,横断面呈球面三角形,这可能与表面能有关,因为,从几何的角度来看三方柱的表面能是比较大的,发育为球面三方柱会降低表面能。集合体呈棒状、放射状、束针状,也可以呈致密块状或隐晶质块状。

【物理性质】颜色随成分不同而异:富含 Fe 的电气石呈黑色,富含 Li、Mn 和 Cs 的电气石呈玫瑰色,亦呈淡蓝色,富含 Mg 的电气石常呈褐色和黄色,富含 Cr 的电气石呈深绿色;玻璃光泽。无解理;硬度 7~7.5。相对密度 3.03~3.25,随着成分中 Fe、Mn 含量的增加,相对密度亦随之增大。不仅具有压电性,并且还具有热释电性。

【成因及产状】电气石成分中富含挥发组分 B 及 H_2O,所以多与气成作用有关,多产于花岗伟晶岩及气成热液矿床中。一般黑色电气石形成于较高温度,绿

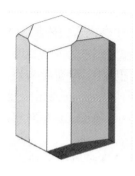 

图 5-2 电气石晶体

色、粉红色者一般形成于较低温度。早期形成的电气石为长柱状,晚期者为短柱状。此外,变质矿床中亦有电气石产出。

【鉴定特征】以柱状晶形、柱面有纵纹、横断面呈球面三角形、无解理、高硬度为特征。

【主要用途】其压电性可用于无线电工业;其热释电性可用于红外探测、制冷业。色泽鲜艳、清彻透明者可作宝石原料(俗称碧玺)。

八、锂辉石(Spodumene)

【化学组成】$LiAl[Si_2O_6]$,为硅酸盐矿物。化学组成较稳定,可含有稀有元素、稀土元素混入物。

【晶体结构】单斜晶系。$a_0 = 0.946$nm,$b_0 = 0.839$nm,$c_0 = 0.522$nm;$\beta = 110°11'$。单链状硅氧骨干。

【形态】常呈柱状晶体,柱面常具纵纹。有时可见巨大晶体(长达 16m)。

【物理性质】灰白色、烟灰色、灰绿色,翠绿色的锂辉石称为翠绿锂辉石,是成分中含 Cr 所致,成分中含 Mn 呈紫色称紫色锂辉石;玻璃光泽,解理面微显珍珠光泽。两组解理完全,夹角 87°;硬度 6.5~7。相对密度 3.03~3.23。

【成因及产状】是富 Li 花岗伟晶岩中的特征矿物。

【鉴定特征】颜色、晶形及产状。

【主要用途】与锂云母一起用作提取 Li 的原料。Li 用于原子工业、医药、焰火、照相、玻璃、伦琴照相等方面。透明而色泽美丽者可作宝石。

九、滑石(Talc)

【化学组成】$Mg_3[Si_4O_{10}](OH)_2$,为硅酸盐矿物。化学成分比较稳定,Si 有时被 Al 代替,Mg 可被 Fe、Mn、Ni、Al 代替。

【晶体结构】单斜晶系。$a_0=0.527\text{nm}, b_0=0.912\text{nm}, c_0=1.855\text{nm}; \beta=100°$。为层状硅氧骨干，结构单元层为 TOT 型，与云母相似，但不同的是滑石的层间域里没有阳离子。

【形态】微细晶体为假六方或菱形片状，但很少见，常呈致密块状。

【物理性质】纯者为白色，含杂质时可呈其他浅色；玻璃光泽，解理面显珍珠光泽晕彩。解理极完全；致密块状者呈贝壳状断口；硬度 1。相对密度 2.58～2.83。富有滑腻感，有良好的滑润性能。解理薄片具挠性。

【成因及产状】滑石是典型的热液型矿物，是富镁质超基性岩、白云岩、白云质灰岩经水热变质交代的产物。

【鉴定特征】低硬度、滑感、片状、具极完全解理为其特征。

【主要用途】广泛用于陶瓷、造纸、涂料、塑料、橡胶、化妆品等行业，块滑石瓷具有良好的介电性能和机械强度，是一种高频电瓷绝缘材料；滑石还用于滑润剂、镁质化肥等。

十、叶蜡石(Pyrophyllite)

【化学组成】$Al_2[Si_4O_{10}](OH)_2$，为硅酸盐矿物。Al 可以被少量的 Fe^{2+}、Fe^{3+}、Mg^{2+} 代替。

【晶体结构】单斜晶系。$a_0=0.515\text{nm}, b_0=0.892\text{nm}, c_0=1.895\text{nm}; \beta=99°55'$。为层状硅氧骨干，结构单元层为 TOT 型，层间域里没有阳离子。

【形态】完好晶形少见，常呈叶片状、鳞片状或隐晶质致密块体，有时呈放射叶片状集合体。

【物理性质】白色、浅绿、浅黄或淡灰色；玻璃光泽，致密块状者呈油脂光泽，解理面呈珍珠光泽。解理极完全；隐晶质致密块体具贝壳状断口；硬度 1～1.5。相对密度 2.65～2.90。有滑感，解理片具挠性。

【成因及产状】叶蜡石常是富铝的酸性喷出岩、凝灰岩或酸性结晶片岩经热液作用变质而成，在低温热液含金石英脉中也出现。我国福建寿山、浙江青田等地的叶蜡石，系白垩纪流纹岩和流纹凝灰岩经热液蚀变形成的。

【鉴定特征】与滑石相似，区别方法可用简易化学方法：在素瓷板上滴上一滴水，以矿物碎块轻磨约半分钟获得乳浊状的水溶液，用石蕊试纸定性检验其酸碱性，滑石呈碱性(pH 值约为 9)，叶蜡石呈酸性(pH 值约为 6)。

【主要用途】基本上与滑石相同。此外，在雕刻工艺和印章制作中，叶蜡石更有悠久的历史。

十一、刚玉(Corundum)

【化学组成】Al_2O_3，为氧化物矿物。有时含微量的 Fe、Ti、Cr、Mn、V、Si 等，以类质同象置换或机械混入物形式存在于刚玉中。

【晶体结构】三方晶系。$a_0=0.477nm$，$c_0=1.304nm$。

【形态】晶体通常呈腰鼓状、柱状，少数呈板状或片状。

【物理性质】一般为灰、黄灰色，含 Fe 者呈黑色；含 Cr 者呈红色者，称红宝石；含 Ti 而呈蓝色称蓝宝石；玻璃光泽。无解理；硬度9。相对密度3.95~4.10。

【成因及产状】刚玉可以形成于岩浆作用、接触变质作用和区域变质作用过程中。岩浆作用中刚玉形成于富 Al_2O_3、贫 SiO_2 的条件下，因而多见于刚玉正长岩和斜长岩中。接触交代作用形成的刚玉，见于火成岩与灰岩的接触带。区域变质作用中黏土质岩石经变质作用可形成刚玉结晶片岩。各种成因的含刚玉矿床或岩石，遭受风化破坏时，刚玉往往转入砂矿之中。

【鉴定特征】以其晶形、高硬度作为鉴定特征。

【主要用途】主要利用其高硬度作为研磨材料和精密仪器的轴承。晶形好、粗大、色泽美丽且无瑕者，为高档宝石，如红宝石、蓝宝石等。人工合成的红宝石可作为激光材料。

十二、尖晶石(Spinel)

【化学组成】$MgAl_2O_4$，为氧化物矿物。常含 FeO、ZnO、MnO、Fe_2O_3、Cr_2O_3 等组分。

【晶体结构】等轴晶系。$a_0=0.8081~0.8086nm$。晶体结构与磁铁矿同型。

【形态】单晶常呈粒状，见八面体形。

【物理性质】通常呈红色(含 Cr)、绿色(含 Fe^{3+})或褐黑色(含 Fe^{2+} 和 Fe^{3+})；玻璃光泽。无解理；硬度8。相对密度3.55。

【成因及产状】尖晶石常产于侵入岩与白云岩或镁质灰岩的接触交代带中，与镁橄榄石、透辉石等共生。在富铝贫硅的泥质岩的热变质带亦可产生尖晶石。作为副矿物，见于基性、超基性火成岩中。此外，亦常见于砂矿中。

【鉴定特征】八面体晶形，高硬度。

【主要用途】透明色美者作为宝石。

十三、金红石(Rutile)

【化学组成】TiO_2，为氧化物矿物。常含 Fe、Nb、Ta、Cr、Sn 等类质同象混入物。

【晶体结构】四方晶系。$a_0=0.459nm, c_0=0.296nm$。

【形态】常见完好的四方短柱状、长柱状或针状。

【物理性质】常见褐红、暗红色，含 Fe 者呈黑色；条痕浅褐色；金刚光泽；微透明。解理完全；硬度 6～6.5。相对密度 4.2～4.3。性脆。

【成因及产状】金红石形成于高温条件，主要产于变质岩系的含金红石石英脉中和伟晶岩脉中。此外，在火成岩中作为副矿物出现，亦常呈粒状见于片麻岩中。金红石由于其化学稳定性大，在岩石风化后常转入砂矿。

【鉴定特征】以四方柱形、带红的褐色、平行柱面解理完全为特征。

【主要用途】为炼钛的矿物原料。钛合金广泛应用于化工、军工和空间技术。

十四、铝土矿(Bauxite)

铝土矿不是一个单矿物，而是许多极细小的三水铝石 $Al(OH)_3$、一水铝石 $AlO(OH)$ 和硅质等的混合物。

【化学组成】$Al(OH)_3$、$AlO(OH)$ 等。为氢氧化物矿物。

【形态】土状、豆状、鲕状等。

【物理性质】因成分不固定，导致物理性质变化很大。灰白色—棕红色，土状光泽。硬度 2～5。相对密度 2～4。

【成因及产状】沉积成因。

【鉴定特征】在新鲜面上，用口呵气后有土臭味。

【主要用途】为铝的主要矿石矿物。也可用于制造耐火材料和高铝水泥。

十五、褐铁矿(Limonite)

褐铁矿也不是一个单矿物，而是许多极细小的针铁矿(α-FeOOH)、纤铁矿(γ-FeOOH)和硅质等的混合物。

【化学组成】FeOOH 等。为氢氧化物矿物。

【形态】土状、豆状、鲕状等，有时呈黄铁矿的立方体假象。

【物理性质】因成分不固定，导致物理性质变化很大。土黄—棕褐色，土状光泽。硬度 1～4。相对密度 3～4。

【成因及产状】风化成因，由含铁的矿物(如黄铁矿)风化形成，可保留黄铁矿的立方体形态(假象)，有时在铜铁硫化物矿床的露头部分形成"铁帽"。

【鉴定特征】以形态和褐黄色为特征。

【主要用途】为炼铁的矿物原料。"铁帽"可作为找原生铜铁硫化物矿床的标志。

十六、硬锰矿(Psilomelane)

硬锰矿也不是一个单矿物,而是许多极细小的水锰矿(MnO(OH))和硅质等的混合物。

【化学组成】MnO(OH)等。为氢氧化物矿物。

【形态】土状、豆状、鲕状等。

【物理性质】因成分不固定,导致物理性质变化很大。黑色—深褐色,土状光泽。硬度5～6。相对密度3～4。

【成因及产状】风化成因,也有的是沉积成因。

【鉴定特征】以黑色为特征,加H_2O_2剧烈起泡。

【主要用途】为炼锰的矿物原料。

十七、磷灰石(Apatite)

【化学组成】$Ca_5[PO_4]_3(F,OH)$。为含氧盐-磷酸盐矿物。成分中的Ca可被稀土元素(主要是Ce)和微量元素Sr作不完全类质同象替代。稀土含量一般不超过5%。

【晶体结构】六方晶系。$a_0=0.943\sim0.938nm$,$c_0=0.688\sim0.686nm$。

【形态】常呈柱状、短柱状、厚板状或板状晶形。集合体呈粒状、致密块状。

【物理性质】无杂质者为无色透明,但常呈各种浅色,沉积岩中形成的磷灰石因含有机质染成深灰至黑色;玻璃光泽,断口呈油脂光泽。无解理;断口不平坦;硬度5。相对密度3.18～3.21。加热后常可出现磷光。性脆。

【成因及产状】在沉积岩、沉积变质岩及碱性岩中可形成巨大的有工业价值的矿床。在各种岩浆岩及花岗伟晶岩中呈副矿物。

【鉴定特征】晶形、颜色、光泽、硬度均可作为鉴定特征。若为细分散状态则需依靠化学鉴定:以钼酸铵粉末置于矿物上,加一滴硝酸,则生成黄色磷钼酸铵沉淀,此为试磷之有效方法(注意:当有碳酸盐和有机质时常出现蓝色沉淀)。

【主要用途】提取磷的原料。含稀土元素时可综合利用。

十八、自然金(Gold)

【化学组成】Au,为自然金属元素矿物。成分中常有Ag类质同象置换Au,两者可形成完全类质同象系列。当成分中含Ag<5%时称自然金;含Ag为5%～15%时称含银自然金;15%～50%时称银金矿;50%～85%时称金银矿;85%～95%时称含金自然银;>95%时称为自然银。

【晶体结构】等轴晶系。具铜型结构(参见图2-6)。$a_0=0.408nm$。

【形态】通常呈不规则粒状集合体。此外尚可见树枝状、鳞片状，偶见较大的团块状集合体。

【物理性质】颜色与条痕色均为金黄色，但随其成分中含 Ag 量的增高而逐渐变浅，含 Ag 量愈高者色愈浅，至银金矿时呈淡黄色至奶黄色，含 Cu 时，色变深，呈深黄色；金属光泽，随 Ag 的含量增高光泽加强。无解理；硬度 2.5～3。相对密度 19.3（纯金）。具强延展性可以锤成金箔或抽成细丝。熔点 1062℃。为热和电的良导体。化学性质稳定，不溶于酸，只溶于王水。火烧后不变色。

【成因及产状】自然金主要形成于各种高、中温热液作用和变质作用过程中。

世界上主要的金矿床类型有：各种热液脉型金矿、变质砾岩型金矿、古老变质岩中的石英脉型金矿、沉积岩中浸染型金矿和砂金型金矿。近年来国家投入大量资金找金矿，但找金工作尚无重大突破，目前我国还未发现世界级特大型金矿。我国已发现的金矿主要类型有热液型和风化型、砂金型。最有名的金矿产地有山东、湖南、河南、黑龙江、吉林、辽宁和内蒙古等省（区）。

【鉴定特征】金黄色，强金属光泽，相对密度大，低硬度，强延展性；化学性质稳定，火烧不变色。与黄铁矿的区别除了硬度、条痕、化学稳定性及相对密度性质外，较为简易的区别是后者易于被击碎。

【主要用途】自然金几乎是 Au 的唯一来源。各种金矿床中开采的基本上都是自然金。黄金储备量是衡量一个国家经济实力的指标之一，是世界性的"硬通货"。除了被用于制造货币、装饰品外，在工业上用途也极其广泛，因其具有优良的稳定性、导热导电性、延展性常被用作如高级真空管的涂料，计算机、电视机、收录机的涂金集成电路，核反应堆的衬料，气发动机和火箭发动机的涂金防热罩或热遮护板，用于制造特种精密电子仪器的拉丝导线等。

十九、金刚石（Diamond）

【化学组成】C，为自然非金属元素矿物。成分中可含有 N、B。

【晶体结构】等轴晶系。$a_0 = 0.356$nm。金刚石结构中的 C 以共价键与周围的另外 4 个 C 相联结（图 5-3），形成四面体配位。原子间以强共价键相联结，造成了它具有高硬度、高熔点、不导电的特性。

【形态】自然界中金刚石大多数呈单晶产出，常见圆粒状或碎粒。其单形主要是八面体。由于熔蚀作用常见晶体呈浑圆状，晶面弯曲。

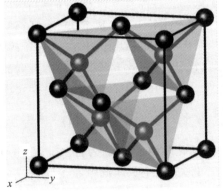

图 5-3 金刚石的结构

【物理性质】无色透明,常带深浅不同的黄色色调,也有呈乳白色、浅绿色、天蓝色、褐色和黑色等;典型的金刚石光泽,断口油脂光泽。平行{111}解理中等。硬度10。相对密度3.50～3.52。性脆。

【成因及产状】金刚石仅形成于高温高压的条件下,目前仅见产于超基性岩的金伯利岩(角砾云母橄榄岩)、钾镁煌斑岩及高级变质岩榴辉岩中。当含金刚石的岩石遭受风化后,可以形成金刚石砂矿。

世界上著名金刚石产地有南非、扎伊尔、俄罗斯亚库梯等。我国山东、辽宁、贵州等地相继发现金刚石的原生矿床。

【鉴定特征】极高的硬度,标准金刚光泽,晶形轮廓常呈浑圆状。

【主要用途】金刚石具有很高的经济价值。根据用途不同可分为宝石金刚石和工业金刚石。前者主要利用其光彩诱人的色泽和极高的硬度,金刚石经人工琢磨成各种多面体后就成为"钻石",钻石至今仍然是最紧俏、最名贵的宝石。后者主要利用其各种特性,如利用其优良的红外线穿透性制造卫星窗口和高功率激光器的红外窗口;利用其半导体性能制作整流器、二极管等。

二十、石墨(Graphite)

【化学组成】C,为自然非金属元素矿物。成分纯净者极少,往往含大量的各种杂质如黏土、沥青及SiO_2等。

【晶体结构】六方晶系。$a_0=0.246nm$,$c_0=0.680nm$。石墨具典型的层状结构,C成层排列,层内每个C与相邻的3个C之间以等距相联结,每一层中的C按六方环状排列,上下相邻层的C六方环通过平行网面方向相互位移后再叠置形成层状结构(图5-4)。上下两层中的C之间的距离比同一层内的C之间的距离要大得多(层内C—C间距=0.142nm,层间C—C间距=0.340nm)。石墨是一种多键型的

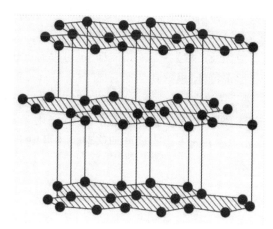

图5-4 石墨的结构

晶体,层内主要为共价键,也有部分金属键(大π键),而层间则为分子键。这种化学键的差异造成石墨的物性具明显的异向性,并具导电性。

【形态】单晶体呈片状或板状,但完整的却极少见。通常为鳞片状、块状或土状集合体。

【物理性质】颜色和条痕均为黑色；金属光泽；隐晶质的则暗淡。一组解理极完全；硬度1~2。相对密度2.21~2.26。解理片具挠性。有滑感，易污手。具导电性。

【成因及产状】石墨是高温变质作用的产物。我国石墨产地很多，其中以黑龙江鸡西市柳毛为最大的产地。

【鉴定特征】黑色，硬度低，相对密度小，有滑感。

【主要用途】石墨由于其熔点高，抗腐蚀，不溶于酸等特性，用于制作冶炼用的高温坩埚；具滑感，作为机械工业的润滑剂；导电性良好，又可制作电极等。成分纯净的所谓高碳石墨可作原子能反应堆中的中子减速剂供国防工业应用。

二十一、萤石（氟石）（Fluorite）

【化学组成】CaF_2，为卤化物矿物。稀土元素和Y可以类质同象形式代替Ca，也可以吸附形式赋存于萤石的裂隙中，或成独立的矿物以固体包裹体形式存于萤石中。

【晶体结构】等轴晶系；$a_0=0.545nm$。

【形态】晶体常呈立方体、八面体等。集合体呈粒状、块状、球粒状，偶尔见土状块体。

【物理性质】颜色多样，有无色、白色、黄色、绿色、蓝色、紫色、紫黑色及黑色，其呈色机理也很复杂，主要为色心呈色（即放射性元素的辐射损伤造成晶格缺陷及Na^+、$K^+ \rightarrow Ca^{2+}$引起F^-缺席而形成色心），加热时可退色；玻璃光泽。解理4组完全（参见附录一"矿物知识图片"图Ⅲ-8）；硬度4。相对密度3.18。性脆。萤石具有发光性，且热发光强度与稀土含量、Na的含量有关。

【成因及产状】主要为热液型，也可以有沉积型。

【鉴定特征】根据其晶形、4组完全解理、硬度较小及各种浅色等特征易识别之，此外进行荧光、热光试验也可辅助鉴别。

【主要用途】在冶金工业上作熔剂，在化工上用于制氟化物（如氢氟酸），在玻璃和陶瓷业中制乳白不透明玻璃和珐琅。还可用于光学仪器和雕刻工艺。

思考题

1. 什么是晶体？晶莹剔透的物质都是晶体吗？具有几何多面体形状的物体就是晶体吗？晶体一定能够自发地形成几何多面体形状吗？

2. 什么是晶体的自限性？晶体的自限性与晶体的异向性有什么联系？晶体的对称性与异向性有什么联系？晶体的异向性与晶体的均一性矛盾吗？

3. 什么是晶胞？什么是晶胞参数？

4. 某晶体的晶胞参数为：$a_0=0.519$nm，$b_0=0.900$nm，$c_0=2.010$nm；$α=γ=90°$，$β=95°$，该晶体是什么晶系的？

5. 什么是矿物？矿物都是晶体吗？下面的物质哪些是矿物？

  石英、赤铁矿、铜矿石、煤、页岩、方解石、灰岩

6. 一般来说，元素的克拉克值高，这种元素组成的矿物在地壳上含量也高，对吗？有些元素的克拉克值不高，但该元素组成的矿物在某些地区却很富集，举例说明哪些元素具有这样的特点。

7. 矿物的化学成分是固定不变的吗？矿物的晶体结构是固定不变的吗？

8. 如果矿物的化学成分发生变化，主要是什么引起的？

9. 什么是类质同象？类质同象有些什么类型？

10. 判断下列晶体化学式中，哪些离子之间是类质同象的关系？

  $Ca(Mg,Fe,Al,Ti)[(Si,Al)_2O_6]$

  $(Mg,Fe,Mn)_3Al_2[SiO_4]_3$

  $CaMg[CO_3]_2$

  $(Ca,Mg)[CO_3]$

11. 什么是同质多象？同质多象转变有些什么类型？发生同质多象转变的外因主要是什么？

12. 描述晶体结构主要用哪两种形式？对比 NaCl 结构、闪锌矿结构、自然金结构的异同。

13. 什么是晶体习性（晶习）？怎样描述晶习？橄榄石的晶习是什么？辉石的晶习是什么？云母的晶习是什么？方解石的晶习是什么？

14. 显晶集合体是怎么形成的？隐晶（或胶态）集合体是怎么形成的？

15. 描述显晶集合体用什么样的名词术语？描述隐晶（或胶态）集合体用什么样的名词术语？

16. 鲕状集合体能称为粒状集合体吗？为什么？

17. 钟乳石是柱状吗？锰结核是粒状吗？

18. 矿物的颜色是怎样形成的？矿物的自色、假色、他色各是怎样形成的？

19. 为什么含铁的矿物颜色深？

20. 矿物的光泽与条痕有什么关系？矿物的光泽与矿物晶体内部的化学键有什么联系？

21. 矿物的解理是怎么形成的？解理的等级有哪些？举例说出：具有极完全解理的矿物有哪些？具有完全解理的矿物有哪些？无解理的矿物有哪些？

22. 辉石的解理有几组？夹角是多少？角闪石的解理有几组？夹角是多少？方解石的解理有几组？夹角垂直吗？

23. 矿物的硬度与晶体结构中的什么因素有关？硬度最大的矿物是哪个？硬度很小的矿物有哪些？

24. 硅酸盐矿物的晶体结构中，硅氧骨干是指什么？有些什么形式的硅氧骨干？

25. 判断下列矿物的硅氧骨干形式是什么？

    长石、石英、云母、辉石、角闪石、石榴子石、橄榄石、锆石、红柱石、蓝晶石、矽线石、高岭石、蛇纹石

26. 长石有两个成分系列，分别被称为什么长石？钾长石根据形成温度高低分为哪三种？斜长石根据含 Ca 量不同分为哪三种类型？

27. 花岗岩中主要是什么长石？闪长岩中主要是什么长石？辉长岩中主要是什么长石？

28. SiO_2 有哪些同质多象变体？哪些产于高温？哪些产于高压？在花岗岩、闪长岩、砂岩、片岩中的石英是什么变体？

29. 石英和长石怎么鉴别？钾长石和斜长石怎么鉴别？普通辉石与普通角闪石怎么鉴别？橄榄石与石榴子石怎么鉴别？

30. 云母为什么具有一组极完全解理？为什么解理片具有弹性？

31. 红柱石、蓝晶石与矽线石是什么关系？这三种矿物主要产于什么类型的岩石中？它们各自产于什么温压条件？

32. 菊花石的矿物学名称是什么？二硬石的矿物学名称是什么？

33. 为什么碳酸盐矿物具有高双折率？

34. 方解石的形态最多变，你见过方解石的哪些形态？

35. 方解石与文石是什么关系？

36. 方解石和萤石怎么鉴别？

37. 孔雀石与蓝铜矿都产于什么条件？它们的出现可以指示什么？

38. 孔雀石有时呈圆形环带状，这是什么形态特点？是怎么形成的？

39. 方铅矿、闪锌矿、黄铜矿、磁铁矿、斑铜矿、磁黄铁矿的特征颜色是什么？

40. 黄铁矿与黄铜矿怎么鉴别？磁铁矿与磁黄铁矿怎么鉴别？辉锑矿与方铅矿怎么鉴别？辉锑矿与辉铋矿怎么鉴别？雌黄与雄黄怎么鉴别？

41. 鲕状或肾状赤铁矿是怎么形成的？

42. 赤铁矿的颜色有哪些变化？其条痕变吗？

43. 锆石在地质学中的主要应用是什么？锆石的产出状态主要是什么？

44. 作为副矿物(或岩浆岩中的次要矿物)，尖晶石主要产于什么地质条件？

45. 绿柱石的宝石学名称是什么？电气石的宝石学名称是什么？刚玉的宝石学名称是什么？

46. 铝土矿、褐铁矿是矿物名称吗？它们各自的成分特点是什么？

47. 金刚石与石墨是什么关系？它们各自的结构特点是什么？

48. 在某岩石中看到一种矿物呈透明状、无色或烟灰色、无解理、硬度大于小刀，该矿物可能是什么？如果是灰白色、有解理、硬度大于小刀，该矿物可能是什么？

49. 某矿区有些白色矿物形成的脉状体，如果白色矿物硬度小于小刀，可能是什么矿物？如果白色矿物硬度大于小刀，可能是什么矿物？如果滴稀 HCl 起泡，可以确定是什么矿物？

50. 通过学习矿物学，你获得的最有用的知识和能力是什么？

主要参考文献

何涌,雷新荣.结晶化学[M].北京:化学工业出版社,2008.
潘兆橹.结晶学及矿物学[M].3版.北京:地质出版社,1993.
桑隆康,廖群安,邬金华.岩石学实验指导书[M].武汉:中国地质大学出版社,2005.
赵珊茸.结晶学及矿物学[M].2版.北京:高等教育出版社,2011.
赵珊茸.结晶学及矿物学实习指导[M].北京:高等教育出版社,2011.
赵珊茸.晶体魔方[M].武汉:中国地质大学出版社,2013.
南京大学地质系岩石矿物教研室.结晶学与矿物学[M].北京:地质出版社,1978.
王文魁,王根元,甘正梅.多罗山钨矿床晶体形貌学研究[J].地球科学,1992,17(6):638-645.
Zhao S R,Meng J,Wang R,Qiu Z H,Wang L J. Morphorlogy and etch figure of a Yb:$YAl_3(BO_3)_4$ Crystal[J]. Journal of Applied Crystallography,2009,42:411-415.

附录一　矿物知识图片

I. 矿物的形态

I) 单晶和多晶(显晶)集合体形态

图I-1　柱状石英(有晶形,右图石英晶面上可见聚形纹)

图I-2　石英的理想形态

图I-3　块状石英(无晶形，无解理)

图I-4　短柱状(或粒状)钾长石(有晶形)

图I-5　钾长石的理想形态

图I-6 块状钾长石(无晶形,解理块)

图I-7 片状白云母(有晶形,假六方片状)

图I-8　片状白云母(解理片，无晶形)

图I-9　柱状方解石(可见六边形横截面)

图I-10　柱状方解石理想形态

附录一　矿物知识图片

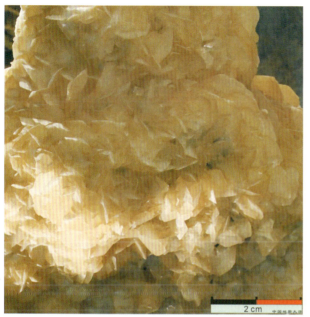

图I-12　片状方解石理想形态

图I-11　片状方解石(也称为层解石)

图I-14　尖锥状方解石理想形态

图I-13　尖锥状方解石(白色)与柱状雄黄(橘黄色)

图I-15 块状方解石(无晶形,解理块)

图I-16 粒状橄榄石(无晶形,无解理)

图I-17 粒状石榴子石

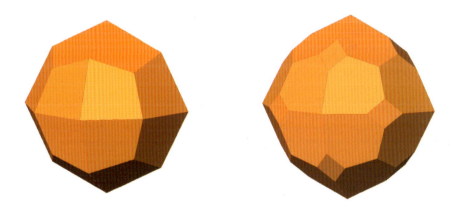

图I-18 石榴子石理想形态

图I-19 放射状阳起石(看不清楚晶形)

图I-20 钾长石卡斯巴双晶(可见晶形)

图I-21 钾长石卡斯巴双晶理想模型

附录一 矿物知识图片

图I-24 斜长石聚片双晶理想模型

图I-22 花岗岩中钾长石斑晶的卡斯巴双晶
(无晶形，可见双晶接合面两边反光不同)

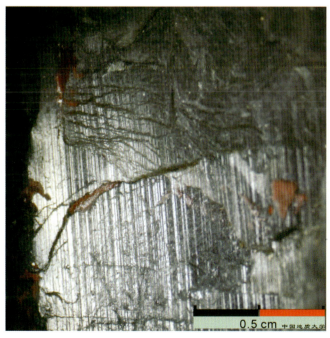

图I-23 斜长石解理面上的聚片双晶纹

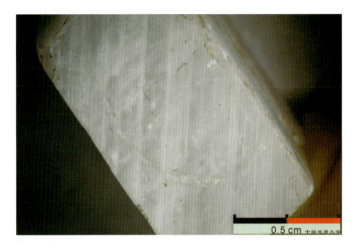

图I-25　方解石解理面上的聚片双晶纹

（提示：聚片双晶纹与聚形纹不同，聚片双晶纹是组成双晶的各个片状晶体的接合面形成的，它在解理面、晶面、断面上都能见到，只要这些解理面、晶面、断面与双晶接合面近于垂直；聚形纹是晶体生长过程在晶面上留下的痕迹，它由一系列细小晶棱组成，只在晶面上看得见，在解理面、断面上都看不到。）

图I-26　钾长石与石英规则连生形成的文象结构

总结：单晶和多晶（显晶）集合体形态，可以用"粒状、柱状、片状"等属于描述，可以有晶形，也可以没有晶形。没有晶形的、形态特征不明确的，用"块状"来描述。在块状形态中，可以是解理块（沿着解理面破裂而成），对于无解理的矿物，可以是任意形状的块体。

Ⅱ) 隐晶(或胶态)集合体形态

图Ⅰ-27　钟乳状方解石
(不能称为柱状，因为不是晶体，是胶体沉淀形成的)

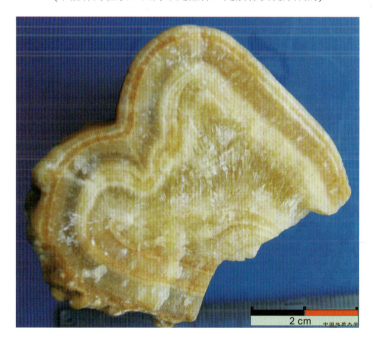

图Ⅰ-28　钟乳状方解石横截面上的环带构造
(反应了层层沉淀的过程，后期有晶化作用，所以可见一些
细小的放射状的、延长方向垂直环带的晶体)

图I-29 鲕状赤铁矿
(提示：不能称为粒状，因为每一个小鲕粒不是晶体，而是胶体围绕某个小碎屑层层沉淀形成的结核体。)

图I-30 肾状赤铁矿
(比鲕状大的称为肾状，与鲕状成因一样，也是胶体沉淀形成)

附录一 矿物知识图片

图Ⅰ-31 肾状孔雀石(胶体沉淀形成)

图Ⅰ-32 磷灰石结核体(不是晶体，由胶体沉淀形成)

图I-33 玛瑙
(为分泌体，由SiO_2胶体渗透进入空洞后，沿洞壁从外向里
层层沉淀形成，中心留有一个空洞)

图I-34 杏仁体
(火山岩中一些浑圆状方解石或燧石，是由$CaCO_3$或SiO_2胶体充填到
火山岩的气孔中沉淀形成的，是一种分泌体)

总结：隐晶(或胶态)集合体形态，不能用"粒状、柱状、片状"等术语描述，只能用"钟乳状、鲕状、肾状、结合体、分泌体、杏仁体"等术语来描述，横截面常见浑圆状的环带。没有任何形状特点的，也可用"致密块状"来描述。

Ⅱ. 矿物的颜色与光泽

图Ⅱ-1　白色或无色透明石英(玻璃光泽)

图Ⅱ-2　紫色石英(紫水晶)(玻璃光泽)

图II-3　烟色石英(烟晶)(玻璃光泽)

图II-4　粉红色石英(蔷薇石英)
　　　　(断口油脂光泽)

图II-5　白色石英(断口油脂光泽)

附录一 矿物知识图片

图II-6 肉红色钾长石(玻璃光泽)

图II-7 绿色钾长石(也称天河石)(玻璃光泽)

图II-8　白色钠长石(可见叶片状,所以称叶钠长石)(玻璃光泽)

图II-9　灰白色斜长石(玻璃光泽)

附录一 矿物知识图片

图II-10 深红色石榴子石(玻璃光泽)

图II-11 橙黄色石榴子石(玻璃光泽)

图II-12　深褐色石榴子石(晶面玻璃光泽，断口油脂光泽)

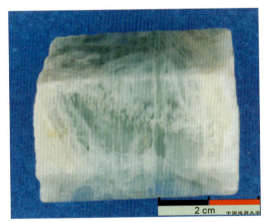

图II-13　绿色绿柱石(玻璃光泽)

图II-14　无色绿柱石(玻璃光泽)

图II-15　绿色萤石(玻璃光泽)

图II-16　蓝色萤石(玻璃光泽)

总结:许多非金属矿物的颜色是多变的,所以颜色不能成为鉴定非金属矿物的特征。但是,许多金属矿物的颜色是比较固定的,根据颜色特征可以鉴定金属矿物。

下面列出金属矿物的特征颜色。

图II-17　黄铜矿的铜黄色(金属光泽)

图II-18　黄铁矿的浅铜黄色(金属光泽)

图II-19 磁铁矿的铁黑色(金属光泽)

图II-20 方铅矿的铅灰色(金属光泽)

图II-21 赤铁矿的钢灰色(带褐红色)(半金属光泽)

图II-22 磁黄铁矿的暗古铜色(金属光泽)

图II-23 斑铜矿的古铜色和氧化后形成的蓝色锈色(金属光泽)

褐色，半金属光泽　　　　　　　　　　　　铁黑色，金属光泽

图Ⅱ-24　闪锌矿的颜色变化

（提示：金属矿物中，闪锌矿的颜色变化较大，从棕褐色到铁黑色，这是由于其含铁量不同造成的，含铁多颜色深；也可反应其形成温度，低温含铁少颜色浅，高温含铁多颜色深。）

下面列出颜色很鲜艳的几种矿物，这些矿物的颜色可以作为它们的特征颜色。

图Ⅱ-25　雌黄的柠檬黄色(解理面金刚光泽)

附录一 矿物知识图片

图II-26 雄黄的橘黄色(断口油脂光泽)

图II-27 辰砂的鲜红色(解理面金刚光泽)

图II-28 孔雀石的翠绿色(玻璃光泽)

图II-29 蓝铜矿的蓝色(玻璃光泽)
(周围有绿色的孔雀石,这两种矿物经常共生)

Ⅲ. 矿物的解理、断口、裂开

图Ⅲ-1　方铅矿的三组互相垂直的完全解理(也称立方体解理)

图Ⅲ-2　方解石的三组不垂直的完全解理(也称菱面体解理)

图III-3 斜长石的两组近于垂直的解理
(其中一组为完全,另一组为完全—中等)

图III-4 白云母的一组极完全解理

图III-5 石英无解理(参差状断口)

图III-6 石英无解理(贝壳状断口)

图III-7 橄榄石无解理(有些颗粒上可见贝壳状断口)

图III-8 萤石4组解理
(在一个解理面上可见其他3组解理形成的三角形的解理纹,所以是4组解理)

附录一 矿物知识图片　　　　　　　　　　·123·

图Ⅲ-9　黄铁矿无解理
(参差状断口，可见晶面，不能把晶面误认为解理面)
(提示：晶面只是一个平面，由晶体生长形成；解理面有许多相互平行的平面，是晶体沿着某个方向破裂而形成的，所以有层层剥落的现象，形成解理阶梯。)

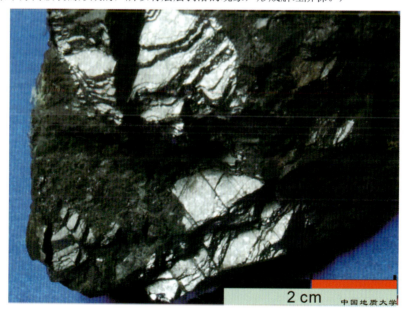

图Ⅲ-10　磁铁矿的裂开
(提示：磁铁矿本来是没有解理的，但在个别产地的磁铁矿中，可见类似于解理的现象，这种现象为"假解理"，是由晶体中一系列小包裹体等杂质沿着某个面平行排列引起，矿物学上称为"裂开"。)

Ⅳ. 岩石中的矿物

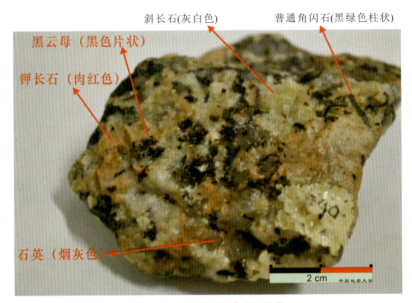

图Ⅳ-1 花岗岩中的矿物

图Ⅳ-2 闪长岩中的矿物

附录一　矿物知识图片

图IV-3　橄榄岩中的矿物

放大

双目镜下

图IV-4　石英砂岩中的矿物

图IV-5　长石砂岩中的矿物

图IV-6　红柱石角岩中的矿物

附录一 矿物知识图片 · 127 ·

图IV-7 蓝晶石片岩中的矿物

图IV-8 矽线石片岩中的矿物

图Ⅳ-9 片麻岩中的矿物

附录二　矿物种名录索引
（按晶体化学分类体系列出）

含氧盐大类

硅酸盐类

透长石、正长石、微斜长石 …… 41
斜长石 …… 43
α-石英 …… 45
β-石英 …… 47
蛋白石* …… 48
白云母 …… 49
黑云母-金云母 …… 50
顽火辉石 …… 51
紫苏辉石 …… 51
透辉石 …… 52
普通辉石 …… 52
硬玉 …… 53
霓石 …… 53
透闪石-阳起石 …… 54
普通角闪石 …… 54
蓝闪石 …… 55
橄榄石 …… 56
石榴子石 …… 57
红柱石 …… 58
蓝晶石 …… 59
矽线石 …… 60
硅灰石 …… 60

绿泥石 …… 61
高岭石 …… 61
蛇纹石 …… 62
锆石 …… 75
十字石 …… 76
榍石 …… 76
绿帘石 …… 76
绿柱石 …… 77
堇青石 …… 78
电气石 …… 78
锂辉石 …… 79
滑石 …… 79
叶蜡石 …… 80

碳酸盐类

方解石 …… 63
菱镁矿-菱铁矿 …… 64
白云石 …… 65
文石 …… 65
孔雀石 …… 66
蓝铜矿 …… 66

磷酸盐

磷灰石 …… 83

* 本教材将 α-石英、β-石英、蛋白石列入硅酸盐矿物，因为它们的结构与硅酸盐矿物结构相近。

硫化物及类似化合物大类

方铅矿 ················· 68
闪锌矿 ················· 68
黄铜矿 ················· 69
黄铁矿 ················· 70
磁黄铁矿 ··············· 70
辉锑矿 ················· 71
辉铋矿 ················· 71
雌黄 ··················· 72
雄黄 ··················· 72
辰砂 ··················· 73
斑铜矿 ················· 73

氧化物和氢氧化物大类

赤铁矿 ················· 74
磁铁矿 ················· 74
刚玉 ··················· 81
尖晶石 ················· 81
金红石 ················· 81
铝土矿 ················· 82
褐铁矿 ················· 82
硬锰矿 ················· 83

自然元素大类

自然金 ················· 83
金刚石 ················· 84
石墨 ··················· 85

卤化物大类

萤石 ··················· 86